国家自然科学基金项目(51404097)
河南省高校科技创新人才支持计划项目(17HASTIT029)
河南省高等学校青年骨干教师支持计划项目(2016GGJS-040)
河南理工大学杰出青年科学基金项目(J2016-2,J2017-3)

一氧化碳低温催化氧化用氧化铜基纳米催化材料

曹建亮　著

U0338137

中国矿业大学出版社

内 容 提 要

本书主要介绍了纳米催化材料研究进展、介孔 $CuO/Ce_xZr_{1-x}O_2$ 催化剂、介孔 $CuO\text{-}Fe_2O_3$ 复合催化剂、多孔氧化铁纳米棒负载氧化铜催化剂、多级孔二氧化钛和凹凸棒石黏土负载氧化铜纳米催化剂的制备、表征和催化性能方面的研究工作。

全书力求做到方法具体、内容新颖充实、分析深入,适宜于作为化学、化工、材料科学与工程等相关学科研究的参考书。

图书在版编目(CIP)数据

一氧化碳低温催化氧化用氧化铜基纳米催化材料/
曹建亮著. 一徐州:中国矿业大学出版社,2017.8
ISBN 978 - 7 - 5646 - 3648 - 7

Ⅰ. ①一… Ⅱ. ①曹… Ⅲ. ①氧化铜一光催化一纳米
材料 Ⅳ. ①TB383

中国版本图书馆 CIP 数据核字(2017)第185700号

书　　名	一氧化碳低温催化氧化用氧化铜基纳米催化材料
著　　者	曹建亮
责任编辑	王美柱
出版发行	中国矿业大学出版社有限责任公司
	(江苏省徐州市解放南路　邮编 221008)
营销热线	(0516)83885307　83884995
出版服务	(0516)83885767　83884920
网　　址	http://www.cumtp.com　E-mail:cumtpvip@cumtp.com
印　　刷	江苏淮阴新华印刷厂
开　　本	787×960　1/16　印张 9.25　字数 203 千字
版次印次	2017 年 8 月第 1 版　2017 年 8 月第 1 次印刷
定　　价	35.00 元

(图书出现印装质量问题,本社负责调换)

前　言

作为一种主要的大气污染物,由许多工业过程、交通运输和家庭生活所产生的CO气体的存在对人类的身体健康和生活环境造成了极大的危害。因此,CO的脱除就显得尤为重要,其中催化氧化脱除是最为有效的方法。近年来,对价格低廉、原料易得的铜系列催化剂的研究得到广泛的关注。众所周知,材料的物理和化学性能不仅和其化学组成相关,还和其多孔性和形貌结构有着至关重要的联系。因此,设计制备特定孔结构和特定形貌的材料成为众多科研工作者研究的热点。

到目前为止,以金属氧化物为载体负载CuO制备负载型催化剂的研究已经开展得非常广泛。在催化领域,由于多孔金属氧化物具有高比表面积、均匀的孔径分布等优势,其能促进活性组分金属颗粒在其表面的高分散和稳定化并最终促进催化剂性能的提高;因此,近年来其作为催化剂和催化剂载体的研究吸引了人们的普遍关注。然而,以多孔金属氧化物为载体负载CuO催化剂并应用到催化CO低温氧化中的研究却鲜有报道。因此,开发出具有高比表面积和多孔结构的氧化铜基金属氧化物催化剂仍是一个很具挑战性但有着重要研究价值的工作。本书选取过渡金属铜氧化物基负载型和复合型多孔纳米催化剂为研究对象,对催化剂的制备过程、组分之间的协同作用、催化剂CO低温氧化活性及活性机理等进行了系统研究,旨在开发出一个全新的催化剂体系。

本书是以笔者近几年在该领域的研究成果为基础而撰写的,主要介绍了纳米催化材料研究进展、介孔$CuO/Ce_xZr_{1-x}O_2$催化剂、介孔$CuO-Fe_2O_3$复合催化剂、多孔氧化铁纳米棒负载氧化铜催化剂、多级孔二氧化钛和凹凸棒石黏土负载氧化铜纳米催化剂的制备、表征和催化性能方面的研究工作。全书力求做到方法具体、内容新颖充实、分析深入、适宜于作为化学、化工、材料科学与工程等相关学科研究的参考书。

本书的出版得到了国家自然科学基金项目(51404097)、河南省高校科技创新人才支持计划项目(17HASTIT029)、河南省高等学校青年骨干教师支持计划项目(2016GGJS-040)和河南理工大学杰出青年科学基金项目(J2016-2,J2017-3)的资助,在此一并表示感谢!

由于纳米功能材料研究工作的快速发展变化,加之笔者水平所限,谬误和疏漏之处在所难免,敬请专家读者批评指正。

著 者

2017 年 5 月于河南理工大学

目　　录

第1章 文 献 综 述

纳米科学将是一个能对 21 世纪科学和技术的发展起到重要作用的科研领域。具有纳米结构的有机、无机和有机—无机杂化复合材料在纳米技术领域,尤其是在设备的小型化上呈现出极为重要的优势,并为有机、无机和生物学领域提供了一个直接的联系。设计并组装具有多孔结构的有机、无机甚至是生物成分的一类材料成为一个发展具有新颖性能的功能化材料的令人兴奋的方向[1]。

以纳米颗粒为基础的化学称为"分子以上层次化学"[2]。它以纳米尺度的结构基元为研究对象。尺寸及形状均一的纳米粒子可以作为结构基元构建新的功能结构,因而被称为"人造原子(artificial atoms)[2]"。这类人造原子的性质随颗粒组成、尺寸及维度变化而发生变化,使得作为化学研究内容的结构基元的种类大为扩宽。众所周知,随着固体颗粒尺寸的逐渐变小,其性能也相应地发生变化。量变产生质变,当物质的尺度处于纳米数量级时(处于原子簇和宏观物体的交接区域),其物理和化学性质会产生突变,并产生力学、电学、磁学、光学和化学等特性[2-7]。这主要是因为:一方面尺寸的减小会导致材料周期性边界条件的破坏,使得材料的电子能级和能带结构对尺寸具有依赖性;另一方面由于粒子表面原子比例的增加,导致表面能和活性增大,产生了表面效应、小尺寸效应、量子尺寸效应和宏观量子隧道效应,导致纳米材料展现出许多不同于原子、分子,又不同于块体材料的特殊性质。比如金属 Ni 颗粒的磁性随尺寸先变大,再变小,最后失去铁磁性而表现超顺磁特性;Au、Ag 等贵金属颗粒的光吸收谱会随颗粒尺寸、形貌和聚集行为而变化[4];贵金属 Au 本来没有催化活性,但是当其颗粒尺寸逐渐变小至 5 nm 以下时表现出极高的催化活性[5]。这些材料的性质发生突变的临界尺寸并不相同,与其本身的物理、化学性质特点、材料种类和使用环境相关,但是总的来说,颗粒的尺寸均在 1~100 nm 范围之内。

与块体材料和一般的纳米材料相比,多孔纳米材料具有高比表面积,高孔隙率,低密度,高的透过性和高吸附性等诸多优点,并因此被广泛应用于催化材料和催化剂载体,有害气体吸附分离,色谱分离材料和环境污染处理等领域。总之,作为一种新型的纳米材料,多孔纳米材料已经成为目前学术界研究的焦点之一。

1.1　多孔纳米材料的研究现状

1.1.1　多孔纳米材料的定义和分类

按照国际纯粹和应用化学联合会(IUPAC)[8]的定义,多孔材料根据它们孔直径的大小可以分为三类:孔径小于 2 nm 的定义为微孔材料(microporous materials);孔径在 2~50 nm 的材料定义为介孔材料(mesoporous materials);孔径大于 50 nm 的材料定义为大孔材料(macroporous materials)。不同孔径多孔纳米材料的示例如图 1-1[11] 所示。多孔纳米材料是人类最先认识的纳米材料之一,大约 250 年前人们就开始使用天然分子筛;1948~1955 年间,Barrer 和 Milton 首次实现了人工合成分子筛,分子筛很快成为最重要的工业催化剂之一,被

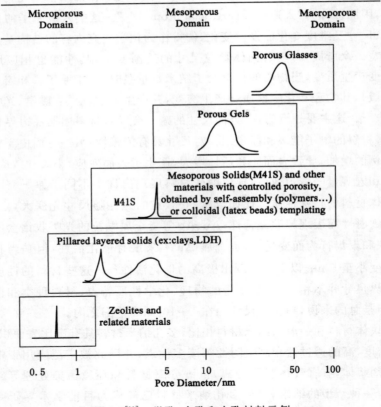

图 1-1[11]　微孔、介孔和大孔材料示例

广泛应用于化学和石油化工领域；1992 年，Mobil 实验室首次人工合成了 M41S[9,10] 系列分子筛，克服了微孔分子筛无法催化大分子反应的限制，极大地推动了多孔材料研究的发展。

　　一般而言，多孔纳米材料的孔体积和材料总体积比在 0.2～0.95 之间。按照通透性可以将多孔材料分为以下两类：与表面相连通的开放孔（open pores）和独立存在于内部的封闭孔（close pores）。其中，开放孔材料适用于催化、吸附、分离等领域；而封闭孔材料主要应用于绝热和绝音材料。按照孔的形貌可以将多孔材料分为：球形（spherical）、柱形（cylindrical）、狭缝形（slit）多孔材料，进一步组合可以有二维六方形（2D-hexagonal）、三维立方形（3D-cubic）多孔材料等；而且，孔道可以是直的（straight），也可以是扭曲的（twist）。

1.1.2　多孔纳米材料的性质特点和制备方法

1.1.2.1　多孔纳米材料的性质特点[12]

　　多孔纳米材料具有高比表面积，渗透性，分子筛分功能和尺寸选择效应等很多独特的性质。并且不同的多孔纳米材料具有不同的孔径分布，不同的孔容，不同的表面性质以及不同的成分，通过纷繁的组合就可以得到很多与众不同的性质。其主要性质特点如下：（1）高吸附量；（2）高选择性；（3）良吸附动力；（4）较好的稳定性和耐用性。

　　以上性质特点主要是围绕多孔纳米材料作为吸附剂的性质，但实际上也是多孔纳米材料作为别的应用的基础性质。例如：同样的性质描述也适用于催化材料的应用——高比表面积、高选择性、高稳定性等。

1.1.2.2　多孔纳米材料的制备方法

　　由于多孔纳米材料独特的性质特点及其极大的潜在应用价值，科研工作者尝试采用了很多的制备方法来合成具有一定孔径尺寸和孔形貌的多孔纳米材料，常见的多孔材料制备方法如下：

　　（1）晶体模板法；

　　（2）多相自组装法；

　　（3）介孔二氧化硅自组装法；

　　（4）表面活性剂模板法；

　　（5）微乳模板法；

　　（6）聚合物促进相分离形成的介孔—大孔材料；

　　（7）纳米铸造法；

　　（8）还原法；

（9）动力学多组分自组装法；

（10）无表面活性剂组装法；

（11）嵌段共聚物和离子液体法。

1.1.3 多孔纳米材料的合成及应用

多孔纳米材料一直备受国际物理学、化学与材料学界重视，并迅速发展成为跨学科的研究热点之一，众多科研工作者先后投入到这一领域，并且在化学工业、信息技术、环境保护、能源开发等领域都有重要的应用。其中，具有不同孔径大小的材料又有其自身特定的较为适宜的应用领域。在此，我们就从不同孔径大小的角度分类讨论多孔纳米材料的合成及应用。

1.1.3.1 微孔材料的合成和应用

很多天然的矿物就具有孔结构，但是它们的孔洞、孔笼和孔道常被水和无机离子所占据。在这些矿物中，沸石分子筛是一类最早被发现和研究的硅铝酸盐材料，而沸石分子筛又可以分为天然沸石和人工沸石。传统意义上的沸石分子筛是指以硅氧四面体和铝氧四面体为基本结构单元相互连接构成的一类具有笼形或孔道结构的硅铝酸盐晶体，且其孔径绝大多数在 1 nm 以下。在笼中和孔道中存在着可交换的、平衡骨架负电荷的阳离子和水分子。1982 年，E. M. Flanigen 等人首次合成了 20 余种新型磷酸铝（$AlPO_4$）分子筛，在这些分子筛骨架结构中首次不出现硅氧四面体，从而打破了沸石分子筛由硅氧四面体与铝氧四面体组成的传统观念。在过去的几十年里，随着不断的深入研究和探索，微孔材料所涵盖的范围也不断得到拓展，沸石类化合物包括天然的和人工合成的已经超过了 600 余种且还在不断增加。总之，人们对微孔材料的研究已经日趋成熟。然而，近些年里仍然有一些令人激动的新发展，下面就对微孔材料的合成和应用做一个简要介绍。

微孔沸石类分子筛的合成多在低于 200 ℃ 的温度下、碱性条件下完成，其合成多通过水热晶化手段。而对于磷铝系列分子筛，如 SAPO 和 MeAPO 等的合成 pH 值一般在 3 ~ 10 之间，OH^- 和 F^- 等用于分散凝胶中的硅物种并且促进结晶的过程。也有人在研究无水的合成路线，在这样的合成过程中使用有机溶剂如聚乙二醇等[13,14]，甚至不使用溶剂进行合成[15]。但是，在这样的一个无水合成过程中也会出现痕量的水：首先，有机溶剂中可能含有少量的水；其次，随着反应过程的发生，反应本身可能会产生少量的水[15]。

关于沸石类分子筛的生长机理的研究受到广泛的关注和研究。这是因为，虽然目前已有大量的沸石被合成出来，但更广泛地开发新型沸石分子筛直至对有特定结构、性能的新型分子筛做到设计合成，必须展开对沸石生成过程与晶化机理的深入研究。沸石的生成涉及硅酸根的聚合态和结构;硅酸根和铝酸根间的缩聚反应;硅铝酸根的结构;溶胶的形成、结构和转变;凝胶的生成和结构;结构导向与沸石的成核;沸石的晶体生长;介稳相的性质和转变等。包括上述科学问题的沸石晶化机理的研究还处于发展中。目前,对于其生长机理的研究主要有两个观点被提出:一种称之为固相转变过程(solid hydrogel transformation),另一种称之为液相转变过程(solution-mediated transport mechanism)。第一种观点是由 Flanigen 和他的合作者提出的[16];他们认为晶化过程发生在凝胶结构自组装中,液相溶剂在整个过程中并没起作用。很快这个观点就在实践中被证实是错误的,并被由 Barrer 课题组[17]提出的第二种观点所取代:假定分子筛晶体的形成发生在溶液中,晶核的形成和生长是由于溶剂中可溶性物种的浓缩导致的,凝胶起到反应物种的储存池的作用。

沸石类微孔材料最常被用作吸附剂(干燥剂)、催化剂和除垢剂,其还被用作传感器元件,并且最近科研工作者尝试使用这些微孔材料为模板制备微孔碳和碳纳米管。

催化方面的应用是沸石类分子筛应用最为广泛的领域之一。首先,其常被用在石油精炼和石油化工中,尤其是应用在 FCC、加氢裂化、C5-C6 石油产品的异构化和脱蜡反应中。其次,其在精细化学品处理中的应用也越来越重要。与非均相催化相比,均相催化在静态的反应器中进行,避免对仪器的损坏和腐蚀显得尤为重要,而以沸石类分子筛为催化剂能部分地解决这个问题。这方面的应用主要有:双键异构化、骨架异构化、脱水、脱氢、卤化、酰基化、选择氧化和选择加氢等[18,19]。其中最值得注意的是 TS-1 作为苯酚羟基化催化剂的工业发展[20,21]。沸石类材料在不同领域的应用如图 1-2 所示。

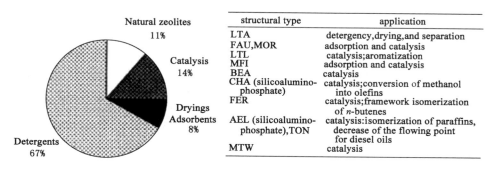

图 1-2[22,23] 沸石类材料在不同领域的应用

沸石类分子筛在传感器方面应用的研究也是一个重要的应用领域[24,25],但

是到目前为止并未取得重大的突破。分子选择吸附在沸石类分子筛的孔道系统中是已经形成很多年的概念。很多的表征测试技术也被用来表征吸附分子后的吸附体的物理化学性质的变化。近些年,科研工作者在使用这些具有微孔结构的材料作为模板制备微孔碳和碳纳米管方面取得了较大的进展。Wang 等人[26]通过在磷铝分子筛 AFI 的孔道中进行丙醇盐的裂解,导致碳物种沉积在孔壁上。通过这种方法制备了孔径为 4.2 Å 的碳纳米管,并且所制备的碳纳米管在15 K 的低温下表现出超导性能[27]。

1.1.3.2 介孔材料的合成和应用

虽然许多的研究致力于沸石和相关的晶态分子筛并取得了很多的成果,但是其所具有的微孔将其应用限制在了小分子相关的反应,而由于孔径的限制对多数大分子催化过程无能为力,突破了微孔孔径限制的介孔材料则可以弥补这一缺陷。1992 年 Mobile 公司的科学家们(Kresge 等人)[9,10]首次运用纳米结构自组装技术制备出具有均匀孔道、孔径可调的介孔 SiO_2(MCM-41)材料,它具有规整的六方有序孔道结构和窄的孔径分布,改变合成条件,孔径可在1.5~10 nm 之间调节,且具有大比表面积($> 700~m^2/g$)。这一有意义的研究得到了学术界的广泛关注和更进一步的深入研究。该项研究推动了人们在从微孔到可调变和控制的无机、有机和无机有机杂化介孔材料制备的研究,而且还进一步推动了介孔材料在许多领域更为广泛的应用,如:催化、光学、光子学、传感器、吸附—分离剂、声学、电绝缘和超轻建筑材料等。介孔材料的发现,不仅将分子筛由微孔范围扩展至介孔范围,且在微孔材料(沸石)与大孔材料(如无定形硅铝氧化物凝胶、活性炭等)之间架起了一座桥梁。

介孔材料的合成主要是以表面活性剂为模板,包括离子型表面活性剂(季铵盐、磺酸盐等)和中性表面活性剂(长链伯胺分子、聚氧化乙烯表面活性剂、嵌段共聚物等)。对于表面活性剂为模板合成介孔材料的解释,人们提出过很多种机理,其中较具代表性的机理有:Monnier 等[28]提出的电荷密度匹配机理,Beck[10]等提出的液晶模板机理,Huo[29,30]等依据表面活性剂和无机物种间的各种不同相互作用提出的协同作用机理和 Inagaki 等[31]提出的硅酸盐片折叠机理。虽然在各种机理之间还存在争论并没有统一的定论,但它们都和模板分子的超分子自组装和无机物种与模板剂分子之间的相互作用(包括静电作用[9,10]、氢键作用[32,33]等)这两个因素有关。

其中,液晶模板机理和协同作用机理认可度较高。液晶模板机理认为,硅酸根阴离子通过离子交换取代了原来吸附在表面活性剂阳离子上的卤素阴离子(Br^{-1}或 Cl^{-1}),与表面活性剂形成离子对,在溶液中形成被硅酸根包裹的胶束。这个硅酸液晶的体系和普通的表面活性剂与水形成的二元体系行为类似,所不同的是:(1) 形成硅酸液晶相所需要的表面活性剂浓度要低得多;(2) 作为表面活性剂反离子的硅酸根是具有反应活性的。

目前,被科研工作者广泛接受的介孔化合物的形成机制"协同组装机理"认为是无机和有机分子级的物种之间通过协同合作最终形成有序的排列结构[34]。就合成介孔二氧化硅的体系而言,多聚的硅酸盐阴离子与表面活性剂阳离子发生相互作用,在界面区域的硅酸根聚合以及表面活性剂长链之间的疏水/疏水相互作用使得表面活性剂的长链相互接近,无机物种和有机物种之间的电荷匹配控制着表面活性剂的排列方式,预先有序的表面活性剂的排列不是必需的。反应的进行将改变无机物种层的电荷密度,并导致整个无机和有机组成的固相也随之改变。最终物相由反应进行的程度(无机部分的聚合程度)而定(图1-3)[30]。该机理所强调的是无机物种和有机物种的协同作用,无机物种和有机物种之间的相互作用、有机物种之间的疏水相互作用以及无机物种之间的缩合

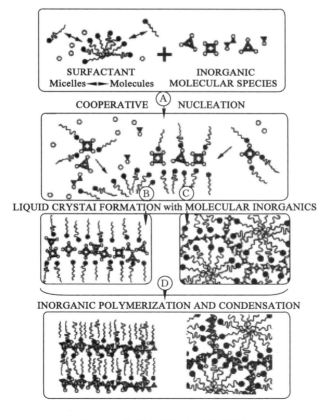

图1-3 协同作用机理示意图[30]

作用都会对产物有影响。

Stuky 和 Huo 的"协同组装机理"中无机物种不仅限于硅酸盐,有机物种也不仅限于阳离子表面活性剂。它具有一定的普遍性,能够解释不同合成体系及其实验结果,并且在一定程度上能够指导实验。根据"协同组装机理",在介孔材料的合成中,有机物种和无机物种之间的相互作用是关键,是整个结构形成过程的主导,寻找到合适的无机/有机组合(存在合适的相互作用)意味着发现新的合成途径。据此,介孔材料的合成可以由介孔硅酸盐扩展到其他类型的介孔化合物,如介孔磷酸盐、介孔金属氧化物等。

1995 年,Antonelli 和 Ying 等[35]首次采用改进的溶胶—凝胶法合成具有六方结构的介孔 TiO_2。随后,各种金属氧化物、硫化物、氮化物、磷化物等非硅有序介孔材料相继被合成出来。近年来以非表面活性剂为模板合成介孔材料的研究也受到科研工作者的广泛关注。1998 年,Wei 等[36]首次报道了以非表面活性剂有机化合物为模板(或称为成孔剂),制备具有大比表面积和孔体积的中孔材料。该方法在传统的溶胶—凝胶过程中加入有机小分子如葡萄糖等,形成凝胶材料后再用有机小分子模板的良溶剂将其抽提掉而得到中孔材料,可以通过改变有机化合物模板的浓度调节孔径的大小。与采用季铵盐等表面活性剂为模板合成中孔材料的方法相比,该方法具有无毒、简单、条件温和、成本低和模板选择范围宽等优点,现在已经通过此方法成功地合成出 SiO_2、TiO_2、Al_2O_3 以及有机聚合物/无机杂化等中孔材料。Yuan 等[37]采用大分子和超分子自组装制备出介孔材料,在制备过程中通过加入胶晶模板、聚合物、生物纤维素等制备出具有介孔—大孔分级孔结构的金属氧化物和金属磷化物。

近年来,采用硬模板法合成介孔材料的研究也越来越多。2000 年,Ryoo 等[38-41]首次利用 MCM-48 作为模板剂合成介孔碳材料 CMK-1,随后又利用 SBA-15 合成 CMK-2,SBA-15 合成 CMK-3、CMK-5 等有序碳介孔材料。Chen 等[42,43]采用多孔氧化铝为模板制备出功能化的 Ru 基纳米管和微米级的 $Ni(OH)_2$ 管,并研究了所制备材料的电化学性能。

具有代表性的用来合成"非硅"介孔材料的路线有以下几条:(1) 利用表面活性剂与无机物种的协同自组装作用,这和前面介绍的合成"硅基"介孔材料的路线是类似的。它强调表面活性剂与无机物种之间的化学匹配,即存在合适的相互作用[44,45]。(2) "真实液晶模板路线(true liquid-crystal templating route)",它不同于第一条路线的关键在于溶液中表面活性剂的浓度很高,它们确实生成液晶相,然后利用已形成的液晶相做模板来进一步合成介孔材料[46,47]。(3) 利用有序的介孔二氧化硅做"模具"来"复制"其他类型的介孔材料。其思路是在介孔硅材料的孔道中聚合其他类型的材料,然后用 NaOH 或者

HCl溶解去掉二氧化硅,得到目标产物[48,49]。(4)利用纳米晶体做模板。这种路线得到的不是传统意义上的介孔材料,其孔排列也是无序的,但是孔分布很窄,而孔径也属于介孔范围[50]。

除了利用表面活性剂在水溶液中的自组装作用以外,还有一些其他的途径来合成介孔材料。比如由一种层状的硅酸钠矿物(kanemite)为原料,通过离子交换把表面活性剂引入层间,在此过程中硅酸盐层发生折叠并围绕表面活性剂缩聚,最后也得到与MCM-41结构相似的产物,命名为FSM-16[51]。另外,KSW-1[52]、KSW-2[53]也是通过类似途径合成的,其中KSW-2具有独特的正交排列的一维长方形或菱形孔道。

尽管人们在介孔材料的合成、表征和生长机理等方面做了非常广泛的研究,但人们对于它的应用研究却相对较落后。很多原因阻碍了其实际应用,现有的应用研究也多集中在实验室中而很少有商业化的产品。文献所报道的关于介孔材料的应用主要集中在其作为催化剂和吸附剂上,此外其在电磁学领域的应用前景也得到了重视。研究发现一些介孔过渡金属氧化物具有良好的光电化学行为,为温和利用太阳光能展示了良好的应用前景。Ozin课题组[54]对多种原子掺杂介孔氧化铌电磁性能进行了研究,他们最近对介孔TiO_2的光电性能以及介孔、大孔SiO_2光子晶体的光电性能都进行了系统的研究。Antonelli课题组[55,56]对多种元素掺杂的钽氧化物和铌氧化物介孔材料的磁学性能进行了研究,得到了一批具有特殊性质的材料,如超磁性材料和优良的阳极材料。此外,Antonelli等[57]还报道将介孔材料Nb_2O_5处理后,所得化合物具有奇异的物理性能,而且该化合物可以在室温下打开N_2的三键,该报道具有极大的价值。Stein的课题组[58]合成的介孔磷酸铝具有较好的阴离子交换功能,交换能力与商品化的阴离子交换树脂相仿,并显示了一定的选择性。

1.1.3.3 大孔及复合孔材料的合成和应用

自然材料复杂的多层次结构一直是材料化学家们努力探索的目标。在多孔材料领域,增大孔径是结构控制目标之一,孔径在光波长范围内(几百纳米)的有序大孔材料会有独特的光学性质和其他性质,有可能作为光子带隙材料在信息产业中发挥重要作用。实际工业应用的催化剂也不能是粉末材料,要求是具有一定尺寸(毫米或次毫米)的颗粒,这些颗粒中的介孔和大孔有助于反应物和产物的扩散,多层次的材料(从微孔到介孔再到大孔)将会有更高的效率。此外,含有大孔的多级结构材料还有很多的应用领域(催化作用、光学器件、分离技术、控制传输、吸附和传感器等)。所以,虽然大多数大孔材料已经不在纯粹的1～100 nm的纳米多孔材料范围,但是由于其近似于纳米多孔材料的性质使得我们在此对其进行介绍[12]。

参考生物界模板合成的方法,科研工作者使用单分散胶体颗粒等超大模板剂,多数情况下采用纳米级铸造合成法,制备了一系列尺寸分布均一有序的大孔材料。

大孔材料的合成最为常用的是以表面活性剂稳定的单分散的聚乙烯球(PS)、聚甲基丙烯酸盐(PMMA)和硅球为模板的方法制备。近年来,以这种方法合成大孔材料在 *Advanced Materials*、*Macromolecular* 和 *Chemistry Materials* 等顶级杂志上有较多的报道。通过该方法可以制备出不同大孔尺寸的高度有序的大孔材料。制备过程主要包括以下三个步骤:(1)单层分散排列的球体间的孔隙被陶瓷、半导体材料、金属盐等填满;(2)填充物前驱体浓缩并在球体周围形成固态框架结构;(3)聚合物 PS 球通过焙烧或溶剂抽提等方法被脱除而最终制得规整的三维大孔结构材料。这种方法常常和溶胶—凝胶、盐溶液、纳米晶体以及其他前驱体相结合制备出具有大孔结构、孔道相互连接的三维有序无机材料[59]。

Su 等人[37,60]采用传统的合成介孔材料的表面活性剂在适当的浓度和 pH 值条件下,直接合成孔径均匀的大孔材料,而且在大孔孔壁上还具有分级介孔存在,且介孔孔径分布也很均匀。他们利用该方法开发出一系列产品,就材料而言可以合成单一金属氧化物,例如氧化钛、氧化锆、氧化铝等,也可以合成复合氧化物,例如硅铝等,还可以合成磷酸盐系列;就结构而言,可以合成出大孔—介孔结构,大孔—微孔结构,更为细节的大孔结构还有柱状结构、漏斗状结构等。总之,这种方法具有极其广泛的适用性和新颖性。而且这种方法由于避免了固体模板的使用,在操作上更为简单,从而获得了良好的制备效应。

微乳液通常是由表面活性剂、助表面活性剂(通常为醇类)、油类(通常为碳氢化合物)组成的透明的各向同性的热力学稳定体系。这一非均相体系由于其分散相的尺寸在纳米数量级(一般为球状,直径在 $5\sim50$ nm),表现出宏观均匀性。微乳液中,微小的水池为表面活性剂和助表面活性剂所构成的单分子层包围成的微乳颗粒,其大小在几到几十纳米之间,这些微小的水池彼此分离,就是微反应器。它拥有很大的界面,有利于化学反应,并且在纳米结构材料的构建中也得到的了广泛的研究。Imhof 等人[61]即采用乳液为模板,运用溶胶—凝胶法制备了孔径可控的(大于 50 nm)、有序生长的大孔 SiO_2 材料。他们开发出了油—甲酰胺乳液体系作为模板,这种方法由于避免了乙醇的使用(水、油均可溶于乙醇溶液中,这将破坏乳液体系的稳定)而获得了良好的制备效果。

使用双重模板剂制备介孔—大孔复合材料也是目前的研究热门之一。其中,表面活性剂作为介孔的模板,微小液滴、气泡或微小固体颗粒作为大孔的模板。使用表面活性剂和聚苯乙烯球为双重模板结合改进的溶胶—凝胶过程,可以制备有序分级孔(介孔—大孔)二氧化硅[62],其中大孔的孔壁具有介孔结构,两种孔均相互连通。大孔在干燥的聚苯乙烯胶体晶模板经高温焙烧除去后得到,除去表面活性剂分子形成的自组装结构得到介孔。

Shao 等人[63]采用钛酸丁酯在强酸性条件下水解和加热处理的办法制备出具有介孔—大孔结构的 TiO_2,并采用类似的办法制备出氮、碳、铁等掺杂的介孔—大孔 TiO_2 光催化材料。扫描电镜和透射电镜表征表明所制备的材料具有规整的互相平行的大孔结构,且大孔的孔壁由二氧化钛纳米颗粒组成,且纳米粒子自组装形成蠕虫状的介孔结构。该制备过程不需要表面活性剂,而且方法很简单、制备成本低。所制备的材料应用在紫外光和可见光照射下,均表现出极高的光催化降解罗丹明 B 的性能。

由于大孔材料具有高比表面积和大的孔径尺寸,使得其在包含大分子的非均相催化和分离,尤其是大分子生物分离等领域有着极为广泛的应用。Carreon[64]制备出大孔 VPO 催化剂,并首次将其应用到低链烷烃选择性环氧化反应中,该催化剂的催化性能通过正丁烷部分氧化制备马来酸酐来研究。结果发现,马来酸酐的产率高于 50%,而相同条件下在传统的有机 VPO 催化剂上,马来酸酐的产率只有大约 40%。笔者认为,规整的孔结构、大的比表面积(>40 m^2/g)和在催化剂 VPO 大孔结构中$(VO)_2P_2O_7$的存在最终导致了其催化活性的提高。这些具有较高催化活性的大孔材料的制备和成功应用将进一步促进其在催化和生物分离等领域的应用。此外,3DOM 材料是用作光子晶体最具潜力的一种材料。当大孔孔径与某一光波波长相匹配时,光波在其中传播发生布拉格衍射,导致这一波长范围内的光被禁止通过,即产生能带间隙。这种特性使 3DOM 材料在光控和控制原子分子自发辐射等技术上有重要应用前景。Ozin 课题组[65-67]对大孔光子晶体光学磁学性能进行了卓有成效的研究。

而微孔、介孔和大孔的复合材料兼具这三种材料的特点,将更大限度地拓宽多孔材料的应用领域,因此具有复合孔结构的纳米多孔材料成为材料研究领域的一个研究热点。

1.2　CO 低温氧化催化剂研究进展

来自工业生产和汽车尾气的 CO 是空气中一种含量较多的环境污染物,它可与人体内的血红蛋白结合,削弱血红蛋白的输氧能力,损害人类的中枢神经系统从而对人类的身体健康造成极大的危害,所以对 CO 的排放进行控制显得很有必要。另外,在燃料电池、CO_2 激光器气体纯化、CO 气体传感器、呼吸用气体净化装置、封闭体系中微量 CO 的消除等也涉及 CO 的控制和消除。而催化氧化消除是一种最有效的方法。基于上述原因,对 CO 氧化反应催化剂的研究一直是催化领域研究的热点之一[68-74]。

自 20 世纪中期以来,贵金属催化剂尤其是金催化剂在 CO 氧化脱除方面的应用研究被广泛关注。虽然这类催化剂普遍具有较高的催化活性,但是贵金属价格昂贵、在自然界中的含量较少且一般避免不了硫中毒等缺陷,限制了其在工业中的广泛应用而基本停留在实验室研究阶段。研究开发能全部或部分代替贵金属的非贵金属催化剂逐渐成为催化领域的一个研究热点。自 20 世纪发现铜对 CO 氧化反应具有催化作用以后,人们对这类非贵金属催化剂在 CO 氧化方面进行了广泛和较为深入的研究。1919 年,霍加拉特(Hopcalite)催化剂由美国约翰—霍普金斯(John HoPkins)大学和加利福尼亚(California)大学研制成功,一直被广泛应用于防毒面具、CO 分析装置上。当然,非贵金属催化剂也存在着对水蒸气敏感、潮湿环境下易失活、其活性也稍逊于贵金属催化剂的缺陷。因此,为了提高非贵金属催化剂的活性和稳定性,人们在催化剂结构包括活性组分、催化剂载体、助剂、催化剂的预处理条件以及催化机理等方面也进行了深入的研究。

下面将对近年在 CO 催化氧化的反应机理和 CO 氧化反应的催化剂研究两方面进行总结分析,其中将着重对非贵金属催化剂的研究进展进行分析。

1.2.1 CO 低温催化氧化机理

CO 催化氧化反应是一个十分简单的表面双分子反应,反应方程式如下:

$$CO + (1/2)O_2 \longrightarrow CO_2, \Delta H = -284.09 \ kJ/mol$$

根据反应所用的催化剂体系和反应条件的不同,科研工作者提出了 CO 催化氧化的不同反应机理模式。下面将分别对其进行介绍:

1.2.1.1 Langmuir-Hinshelwood 机理

早期认为,在 Pt、Pd 等贵金属催化剂上反应主要遵从 Edley-Rideal 机理[75,76],即催化剂表面吸附活化的活性氧物种,如氧原子 O,与气相 CO 分子碰撞而反应,即所谓的单分子吸附活化机理。在高真空状态下,利用表面科学技术研究表明[77],在非负载或单晶贵金属催化剂表面上,CO 氧化一般认为按照 Langmuir-Hinshelwood(L-H)机理[78]进行:即吸附态的 CO 和吸附态的 O_2 发生反应产生 CO_2,无晶格氧的参与。O_2 快速解离吸附在催化剂表面吸附位上,与此同时,气相 CO 竞争吸附在催化剂表面吸附位上,活化的 O 原子与 CO 分子碰撞反应,产生 CO_2 弱吸附在催化剂表面,并与气相 CO_2 达成平衡。与此同时,CO_2 与催化剂表面羟基及晶格氧反应形成 HCO_3^- 和 CO_3^{2-},HCO_3^- 可以连续分解为 CO_3^{2-},CO_3^{2-} 会聚集而阻碍反应物种的吸附,最终导致催化剂的失活。高压化学反应器中的试验表明:在理想的高压和温度条件下,Pt、Pd、Ph 和 Ir 仍然符合 L-H 机理。而贵金属 Ru 例外,在 Ru 上发生的催化反应是 CO 分子的扩散与吸附态的 O 原子来完成的。

1.2.1.2　氧化—还原机理

在非贵金属催化剂上,CO 氧化按照氧化—还原机理[79]进行。催化剂表面的晶格氧直接参与反应,与优先吸附于催化剂表面上且被活化的 CO 分子反应,反应造成的晶格氧缺位通过气相中的氧吸附于催化剂表面并成为晶格氧而得到补充,如此循环便实现 CO 的氧化。另有研究认为[80],反应造成的氧缺位可能经历两种不同的反应:(1) 即上述氧空位被气相中的氧氧化而得到补充;(2) CO 吸附于该氧空位而造成催化剂的失活。

这些非贵金属催化剂主要包括氧负离子过剩即金属离子缺位型的 p 型氧化物和少量氧负离子缺位的 n 型氧化物,两者都遵从氧化—还原机理,但是又不完全相同。区别在于参与反应的活性氧物种不同,p 型氧化物上为表面弱吸附 O^-,而 n 型氧化物上为金属氧化物晶格氧 O^{2-},一般情况下,表面吸附氧物种比金属氧化物晶格氧物种活泼,因此,CO 氧化催化剂多为氧负离子过剩的 p 型氧化物。与单一氧化物相比,复合氧化物一般遵从 Langmuir-Hinshelwood(L-H)机理,具有更高的活性。

1.2.1.3　其他机理

对于负载型催化剂而言,CO 氧化反应可能按照如下不同的机理进行:(1) CO 在活性组分表面吸附并被活化,而 O_2 由金属—载体界面的氧空位活化[81],如在活性组分上负载的金催化剂等;(2) CO 吸附于活性组分上,氧吸附在载体的空位上形成 O^{2-} 等活性氧物种,溢流到活性组分与载体的界面上,同吸附于活性组分上的 CO 反应生成类碳酸根,然后分解为 CO_2[82,83,84],如图 1-4 所示;(3) CO 在活性位上歧化生成 CO_2 和 C[85];(4) 化学吸附的原子和分子氧与气相中的 CO 反应[76]。

1.2.2　CO 低温氧化催化剂

经过多年的深入研究,已经发展出多种具有 CO 氧化性能的催化剂。并且可以按照不同种类和制备方法对其进行分类。按种类可分为贵金属(Au、Pt、Pd、Ag 等)、非贵金属(Cu、Co 等)、分子筛及合金催化剂等。按照催化剂制备方

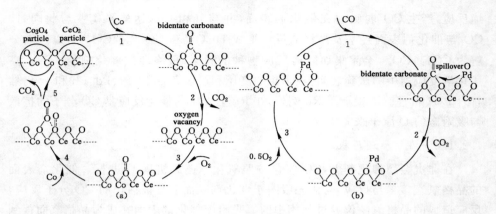

图 1-4　CeCo30 和 Pd/CeCo30 上 CO 氧化路径图[84]

法可将其分为:传统浸渍法、络合浸渍法、共沉淀法、沉积—沉淀法、化学气相沉积法、离子交换法、溶胶—凝胶法、电弧熔融法、等离子溅射法以及溶剂化金属原子浸渍法等。目前,对催化剂制备方法的优化、制备成本的降低、催化性能的提高和机理方面的深入研究以及面向工业应用的催化剂设计是 CO 氧化催化剂研究领域需要解决的重要前沿问题。下面,按照催化剂的组成将其分为单组分催化剂和负载型催化剂,并分别对其进行较为详细的讨论。

1.2.2.1　单组分催化剂

Kakuta 等[86]研究发现 CuO 催化剂催化速率大体上同 CuO→Cu 的块体还原速率相符,而 Cu_2O 催化剂催化速率则同 $CuO^* \rightarrow Cu_2O$ 的块体还原速率相符,其中 CuO^* 表示产生于 Cu_2O 氧化过程中的亚稳态二价氧化铜。吸附 O^{2-} 或者 O^- 是 CuO^* 的基本特征,而吸附 O_2 或者 O 则是 CuO 的特征。CuO 催化剂表面铜价态的变化是 Ⅱ↔Ⅰ,Cu_2O 催化剂表面铜价态的变化则是 Ⅰ→Ⅱ↔Ⅰ。Huang 等[5]则认为氧化铜物种的催化活性可以根据相转移和表面晶格氧离子数目的改变来阐述。鉴于 Cu_2O 改变价态的倾向性以及具备夺取或者释放表面晶格氧的能力,具有比 Cu、CuO 更高的催化活性。由于在还原过程中生成的非化学计量比的亚稳态氧化铜物种具有优良的转移表面晶格氧的能力,因而其催化 CO 氧化活性很高,结果亚稳态 CuO 团簇的催化活性要高于 CuO,并且当非化学计量比的氧化铜生成时催化活性会被大大提高。

Moulijn 等[87]运用一种高级的产物瞬时分析技术(temporal analysis of products,TAP)研究了催化剂为由 2 μm Pt 球烧结在一起形成的 Pt 绵体的 CO 氧化反应动力学机理。实验证实了反应按照 Langmuir-Hinshelwood 模式进行,并证实了在 Pt 表面上生成的 CO_2 产物脱附是影响反应速率的控速步骤。

Xie 等[88]以 MoO_3 为原料在 H_2/N_2 混合氛围里采用程序升温反应方法制备了 Mo_2N 粉体。空气氛围里 DTA 分析表明，所制备的 Mo_2N 粉体 500 ℃下保持其晶相。制备的 Mo_2N 具有与一些贵金属催化剂相近的高催化活性。研究还发现 500 ℃以下是比较合适的反应温度。

贾明君等[89]采用溶胶沉淀法制备了纳米 Co_3O_4，并考察了其在低温 CO 氧化中的催化性能。研究发现，其催化活性随着制备方法和预处理环境的变化而改变。在样品制备过程中使用 DBS 作为表面活性剂是制备高催化活性 Co_3O_4 的有效方法。另外，影响催化活性的因素还有 Co_3O_4 粒度和焙烧温度。

Lin 等[90,91]利用 NaOH 沉淀硝酸钴，然后用 H_2O_2 氧化制备了混合价态的 CoO_x。纯的氧化钴物种通过在 170、230 及 300 ℃采用程序升温还原制出（分别标记为 R-170、R-230、R-300）。分析表明，CoO_x 主要有 CoO(OH) 和一部分 Co^{4+} 组成；R-170 是六边形 CoO(OH)，R-230 是尖晶石结构的 Co_3O_4，而 R-300 是立方结构的 CoO_x。催化 CO 氧化实验表明，样品的催化活性随着 Co 化合价态的升高而明显降低，即 CoO(+2) ≥ Co_3O_4(+8/3) ≫ CoO(OH)(+3) ≥ CoO_x(>+3)。另外，笔者认为 CoO_x 在 TPR 过程中的还原为连续性步骤，而且催化 CO 氧化可以通过两种类型的氧物种机理来解释：CoO_x 表面上的 $*-O_2$ 和 Co_3O_4 结构表面上的 $*-O_L$。

Pan 等人[92]在阳离子型表面活性剂 CTAB 辅助下，采用水热法分别制备出了具有片状、管状和棒状结构的 CeO_2，并将其应用到催化 CO 低温氧化中。活性测试结果表明，具有片状结构的 CeO_2 催化性能明显高于具有管状和棒状 CeO_2，能在 300 ℃实现原料气体中 CO 的转化率达到 85%。进一步分析表明，片状 CeO_2 的(100)晶面在决定其催化氧化性能中起到了非常重要的作用。

Ali 等人[93]制备了具有高度有序介孔结构的贵金属铂（Pt）催化剂，并研究了其催化 CO 氧化的性能。研究发现催化剂所具有的六角形结构的孔有利于氧物种的活化，并能减少催化剂的中毒。

沸石分子筛由于其结构和规整性，而使其具有良好的物理和化学性能。并由于分子筛所具有结构和性能上的特点，即分子筛的多样性、酸性和热稳定性，以及它的独特的选择性和择形性，使其成为良好的催化材料，并被广泛地应用在催化、吸附和离子交换等领域。分子筛作为一种催化剂目前已被广泛地应用在环保催化领域，其中新型杂原子 M-ZSM-5 沸石分子筛催化剂在 CO 催化氧化方面有较好的应用，取得了一定的成果。如 Cu,Pd-ZSM-5 分子筛[94]在汽车尾气处理方面具有较强的实用性，只是其低温段的 CO 氧化活性有待提高。OMS（Octahedral molecular sieves）是典型的氧化催化剂[95]，Xia 等人[96]制备的 Ag^+，Co^{2+} 和 Cu^{2+} 修饰的 OMS 分子筛催化剂的 CO 低温氧化活性与 Hopcalite

相当,抗水性和稳定性得到了明显改善,而且在富氢条件下,OMS 对 CO 氧化具有较高的选择氧化能力,因此可用于燃料电池中微量 CO 的消除。

1.2.2.2 负载型贵金属催化剂

在 CO 低温催化氧化反应中,一般所用的贵金属催化剂为 Au、Pt 和 Pd 等。其具有催化活性很高、稳定性较好和寿命长等优点,但其价格昂贵。

(1) 金催化剂

日本学者袁右珠[97,98]等首次采用金的络合物和金的簇化合物为前驱体,制备了氧化物和氢氧化物上负载 Au 的催化剂。并发现经过预焙烧等处理的 Au 催化剂具有高的催化 CO 氧化活性。块体金呈现化学惰性,长期以来人们一直认为金不具有催化活性,但近来研究表明,当粒度处于纳米级($<$10 nm)的时候,金有大量的低配位数目的表面原子,表现出优良的催化活性[99]。TiO_2、γ-Al_2O_3、Fe_2O_3、MgO、CeO_2、ZnO、MnO_x、SiO_2 和分子筛负载 Au 的催化剂都被证明是室温下有效的室内空气净化催化剂,其在 CO 低温催化氧化、水汽互换等反应中都有着广泛的研究。

TiO_2 载体晶相影响催化剂的活性,溶胶—凝胶法制备的 TiO_2 只有锐钛矿型晶相,商品 TiO_2 则锐钛矿型和金红石型共存[100],两者为载体制得的 Au/TiO_2 催化剂上金的粒度分别是 3.5 nm、2.5 nm,Au/TiO_2(sol-gel)的点火温度比 Au/TiO_2(comm.)低 150 ℃。

金的粒度也是影响催化剂活性的主要因素之一,Boccuzzi 等[101]采用沉积—沉淀法制备出三种金粒度不同的 Au/TiO_2 催化剂(焙烧温度分别是 200 ℃、300 ℃、500 ℃,金粒度分别是 2.4 nm、2.5 nm、10.6 nm)。在 200 ℃、300 ℃ 温度下焙烧制得的催化剂催化活性较高,-183 ℃ 仍具有很高的活性。而 500 ℃ 焙烧的粒径为 10.6 nm 的催化剂在 -183 ℃ 则没有催化活性。

Ma 等人[102]系统研究了 $Au/PO_4^{3-}/TiO_2$ 和 $PO_4^{3-}/Au/TiO_2$ 催化剂,并发现把金放在氧化钛载体上,用氢气还原了以后再放磷酸根并进行清洗后,催化剂具有最高的催化 CO 氧化的活性;同时 Ma 等人[103]还研究了 SiO_2 对 Au/TiO_2 催化剂的表面改性及其对催化 CO 低温氧化性能的影响。

Au/Fe_2O_3 催化 CO 氧化是通过氧化还原机理进行的[104],其中包括晶格氧的迁移和填充。载体的初始结构能极大地影响金的粒子尺度和 Au/Fe_2O_3 的催化活性[105],小粒度的金和 α-Fe_2O_3 与 γ-Fe_2O_3 混合物组成的 Au/Fe_2O_3 催化剂的活性最高[106],同时 Au/α-Fe_2O_3 的催化活性要高于 Au/γ-Fe_2O_3。Lin 等人[107]在 Y 型沸石(Si/Al=2.3)上负载 Au 制备 Au/Y 催化剂,发现在 Au 浓度 1.46$\times10^{-3}$M,Au 溶液 pH 值为 6、溶液温度 80 ℃ 和混合 1 h 制备的催化剂具有最高的催化活性。

Wang 等[108]利用均相沉积—沉淀法（尿素为沉淀剂）制备了 $Au/MO_x/Al_2O_3$（M 为 Fe，Co，Mn，Cu）催化剂。研究发现，所制备的催化剂催化 CO 氧化活性要优于 Au/Al_2O_3 催化剂，而处在高分散态的小粒度 Au 是金系催化剂具有高催化活性的必要条件。另外，对于 $Au/FeO_x/Al_2O_3$ 催化剂，笔者认为若要保证其具有高催化活性，需满足：有小部分的氧化态金物种存在；过渡金属氧化物载体宜为无定型态，这样保证金与载体之间有强烈相互作用。而 $Au/FeO_x/Al_2O_3$ 催化机理可能是发生在载体上的氧空穴或者金属—载体界面处的吸附在 Au 上的 CO 与吸附氧反应。

金在干燥后的 $Au/\gamma\text{-}Al_2O_3$ 催化剂中主要处于 Au-O 键合环境中[109]，若催化剂是在溶液 pH 值为 4.1～9.4 的情况下制备出的，EXAFS 分析有 Au-O-Al 键，说明沉淀是通过表面-OH 与金配位完成的。而若催化剂在 pH 值为 10.5 的情况下制备，则有 Au-O-Au 键，表明有聚合物 $Au(OH)_3$ 沉淀。50 ℃时，pH 值为 10.5 制备出的催化剂对 CO 氧化反应表现出很高的催化活性，而在 pH 值为 4.1 时制备出的催化剂的催化活性微乎其微。反应混合物中有氢气和水蒸气存在时能抑制室温 CO 氧化过程中最初的 $Au/\gamma\text{-}Al_2O_3$ 失活[110]，CO 氧化反应是通过在 $Au^+\text{-}OH^-$ 中插入 CO 形成一个羧基，它被氧化成碳酸氢盐，随后该碳酸氢盐脱羧完成反应循环。Lee 等[111]认为，$Au/\gamma\text{-}Al_2O_3$ 催化剂中 $\gamma\text{-}Al_2O_3$ 的干湿状态不影响其催化活性，富氧情况下能提高 CO 转化率，金的前驱体影响催化剂中金的粒度和含量，老化液 pH 值和老化时间也能影响其催化活性。Xu 等[112]采用两步浸渍法制备 $Au/\gamma\text{-}Al_2O_3$，即首先将酸化的 $HAuCl_4$ 溶液同 $\gamma\text{-}Al_2O_3$ 接触使 $\gamma\text{-}Al_2O_3$ 能充分吸附 $HAuCl_4$，然后洗去多余的 $HAuCl_4$ 后在一定条件下将氯酸盐转化为氢氧化物，最后在 400 ℃下热处理，这样分两步处理解决了酸性条件下浸渍引发金分散度低、催化活性差的问题。该法制备的催化剂催化活性与采用沉积—沉淀法制备的催化剂活性相当，而且在水热烧结过程中稳定。

Arrii 等[113]利用激光蒸发法制备了粒度约 3 nm 的 Au 纳米粒子并运用低动能分别沉积到 TiO_2、$\gamma\text{-}Al_2O_3$、ZrO_2 粉体载体上。TEM 分析表明，Au 在 CO 氧化过程中粒度只是稍微增加，而且在三种载体上的粒度分布非常相似。XPS 分析证实 Au 处于金属态物种而且与载体尤其是 TiO_2 和 Al_2O_3 之间有相互作用，即载体修饰了 Au 的电子结构。笔者认为载体固有物性直接影响所制备催化剂的催化活性：作为载体，TiO_2 和 ZrO_2 要优于 Al_2O_3，而 TiO_2 要稍优于 ZrO_2；氧化态 Au 物种并不是主要的催化活性组分。

（2）铂催化剂

不同载体负载铂的催化剂也具有高的催化 CO 氧化活性，常用载体与负载型金催化剂中常用载体基本相同。Roh 等[114]利用共沉淀法分别制备了四方晶相和立方晶相 Ce-ZrO$_2$（组成分别为 Ce$_{0.2}$Zr$_{0.8}$O$_2$、Ce$_{0.8}$Zr$_{0.2}$O$_2$）高比表面载体，随后利用浸渍法获得负载型 Pt 催化剂。其选择性催化 CO 氧化实验结果表明：Pt/Ce$_{0.8}$Zr$_{0.2}$O$_2$ 催化剂在 60 ℃使 CO 78％转化同时有 96％ CO$_2$ 的选择性。立方 Ce$_{0.8}$Zr$_{0.2}$O$_2$ 为载体的催化剂具有高催化活性和选择性的可能原因在于其具有较强的储氧能力及纳米晶粒的固有物性。

Özkara 等[115]制备了一系列 Pt-Ce/AC（activated carbon，活性炭）、Pt-Sn/AC 催化剂，其中活性炭载体有三种类型：粉碎并用 HCl 洗涤（AC1）、空气氧化（AC2）、硝酸氧化（AC3）。研究结果证明，活性炭是一种优良的富氢条件下选择催化 CO 氧化催化剂载体；活性炭表面上的氧增强了 Pt-CeO$_x$、Pt-SnO$_x$ 之间的相互作用并有合金生成；Pt-Sn 组分由于具有吸附氢能力而降低了催化剂的催化活性；在所制备的催化剂中，Pt-Sn/AC2 催化剂的催化活性和选择性最为理想。

Asprey 等[116]使用温度扫描反应器来研究以 0.05％ Pt/γ-Al$_2$O$_3$ 为催化剂的 CO 氧化反应动力学。提出两种机理速率模型可以用来研究实验所得数据：① Langmuir-Hinshelwood 双位点分子吸附模型（Langmuir-Hinshelwood dual site molecular adsorption model，MAM）；② Langmuir-Hinshelwood 双位点离解吸附模型（Langmuir-Hinshelwood dual site dissociative adsorption model，DAM）。两者的区别在于吸附态氧的形态不同，DAM 模型是参与反应的氧原子和 CO 分子都吸附在同一类型的位点上，该模型适合于广泛的反应条件和反应物料得到的实验数据。MAM 模型是假定 CO 分子和吸附态的分子氧反应，它适合于个别反应物料比率。在 DAM 机理中的速控步骤是吸附态的 CO 分子同吸附态氧物种之间反应这一步。

Gracia 等[117]研究发现，室温下 Pt/SiO$_2$ 催化剂中 Pt 表面上不吸附 CO，不过当反应温度超过 100 ℃时，该催化剂对 CO 氧化就表现出催化活性。原位 FT-IR 分析显示 Pt/SiO$_2$ 催化剂的活性组分是金属态的 Pt，同时，随着其粒度的变化，Pt 晶粒上不同的位点有不同的化合态。笔者提供了一个暴露于 CO（即使是低浓度的 CO）催化剂表面变化的模型，该变化引发氧化态 Pt 表面的还原，CO 吸附随后与吸附态氧反应。同时，动力学研究表明，在富氧条件下，CO 氧化对 Pt/SiO$_2$ 催化剂的结构敏感，TOF 随着催化剂粒度的增加而增大，因为在晶体中平面所占比例、台阶、角位点都依赖于其粒度大小。笔者认为 Pt/SiO$_2$ 催化剂，尤其是小晶粒和高分散性的催化剂的粒度影响其催化活性。

Onsan 等[118]研究表明，制备的催化剂中 1 wt％ Pt/6 wt％ SnO$_2$/γ-Al$_2$O$_3$ 催化活性最高且在研究时间内不失活。富氧（CO/O$_2$ ＝ 1/21）情况下能使催化活性增强,若原料是按化学计量比($CO/O_2 = 2$),则催化剂活性低、易中毒。其机理可能是氧吸附到 SnO_2 上,随后从 SnO_2 上逆溢出到 Pt 位点,反应发生在 Pt 位点处化学吸附态的 CO 与氧之间,吸附态的氧的离解为反应的控速步骤。

（3）钯催化剂

Pd/CeO_2 催化剂中 Pd 与 CeO_2 之间存在着强烈的相互作用,具有很高的催化活性[119]。同样反应条件下,CeO_2 为载体的催化剂活性要高于 ZrO_2、Al_2O_3、TiO_2、NaZSM-5 以及 SiO_2 为载体的催化剂。当 Pd 的负载量逐渐从 0.25% 增加到 2.0% 时,H_2-TPR 峰位置向低温处迁移。CO-TPR 分析表明有三个峰:低温峰（α 峰）归属于钯氢氧化物物种,β 峰归属于高度分散的 PdO,高温峰（γ 峰）归属于 PdO 晶体。其中,α 峰所对应的物种对低温 CO 氧化的催化作用贡献最大。

Soria 等[120]分别将钯负载在 Al_2O_3、CeO_2 和 CeO_2-Al_2O_3 上,并评价了它们在 CO 氧化反应中的活性。研究表明,由于 CeO_2 增强了反应分子 CO、O_2 的活性,反应点火温度一般降低 130 ℃。甚至在室温下,CeO_2 通过在 Pd-Ce 界面提供反应空穴而利于 CO 的活化。当 Pd 与三维 CeO_2 载体接触的时候可以获得 CeO_2 最佳促进反应活性的效果,反应温度较高的时候,块状 CeO_2 载体则导致钯催化剂的失活,阻碍了在 Pd-Ce 界面处与钯键合的 CO 同与 Ce 键合的 O_2 之间的反应。

不同氧化物掺杂的 Pd/TiO_2 催化剂表现出不同的催化活性[121],其中 Pd/CeO_2-TiO_2 催化剂在室温下表现出很高的催化活性,同样条件下其活性要高于 Pd/CeO_2、Pd/SnO_2-TiO_2、Pd/ZrO_2-TiO_2、Pd/CeO_2-Al_2O_3、Pd/TiO_2。钯负载量不低于 1.0 wt.% 时,催化剂 Pd/CeO_2-TiO_2 活性最高,TiO_2 与 CeO_2 的摩尔质量比例为 1:7～1:5。在线分析这样的催化剂有 8 h 稳定寿命。

Le 等[122]研究了稀土氧化物（CeO_2、La_2O_3）促进的 Pd/γ-Al_2O_3 体系。当 Pd 的前驱体是氯化钯时,经过焙烧、还原处理后,氯离子能够被载体定量地优先吸附在金属与稀土金属之间的桥位点,使得金属—载体之间的相互作用很强。空气氛围中焙烧后在界面上的部分钯呈现氧化态,而铈呈 +4 价。用 H_2 于 150 ℃ 下还原,除当铈含量为 1%～5% 的催化剂中钯被部分还原外,其他情况下钯被完全还原为 Pd^0,而铈呈 +3 价。存在于金属—载体界面处的相互作用（当 Pd 的前驱体是硝酸盐时这种作用不存在）通过产生新的活性点或协同作用来实现该类催化剂的催化行为,这种相互作用取决于界面处载体的氧离子,而且当铈含量为 1%～5% 的情况下作用更强。

Vidal 等[123]研究了催化剂 $Pd/Ce_{0.8}Tb_{0.2}O_{2-x}/La_2O_3$-$Al_2O_3$ 的结构和催化行为。研究表明,700 ℃ 时 Pd 和混合氧化物 $Ce_{0.8}Tb_{0.2}O_{2-x}$ 都处于纳米尺度范畴且 Pd 高度分散在 La 修饰的 Al_2O_3 载体上。900 ℃ 还原后,金属 Pd 发生严重

烧结,同时生成不同三价稀土离子含量的 $LnAlO_3$ 晶相($Ln^{3+} = Ce^{3+}$，La^{3+}，Tb^{3+})。对于 CO 氧化反应而言,随着还原温度的升高,催化剂有着与此类似的失活现象发生。

(4) 其他贵金属催化剂

Kim 等[124]采用溅射分解法合成了催化剂 $Ag/MnO_x/perovskites$(钙钛矿),对其催化 CO 氧化活性的评价结果表明,在反应温度为 65 ℃时,该催化剂的催化活性比 $LaMnO_3$ 高出几个数量级,从 O_2-TPD 测定结果推测,催化剂 $Ag/MnO_x/perovskite$ 有高活性的原因可能是在 100 ℃ 以下时增强了 O_2 的弱吸附。

Margitfal 等[125]采用有机金属方法(Organometallic method, CSR)以 $Sn^{119}(CH_3)_4$ 为前驱体制备了 Sn-Pt/SiO_2 催化剂,Sn 的加入明显增强了催化剂 Pt/SiO_2 的活性,且 Sn-Pt/SiO_2 催化剂的活性依赖于 Sn/Pt 的比率(at./at.)和 CO 分压。催化剂表现出的高活性与原位形成的"Sn^{n+}-Pt"位点有关,而相对稳定的 SnO_x 型表面物种则与催化剂的失活有关。

Luo 等[126]采用共沉淀法制备了 Ag-Mn-O 复合氧化物并在化学计量比的 CO 和 O_2 条件下研究了其对 CO 氧化的催化性能。XRD 分析表明,Ag、Ag_2O 高度分散在 Mn_2O_3 上。TPR 分析表明,低含量的 Ag 促进 Mn_2O_3 的还原,而当 Ag 的含量超过 5%时则对 Mn_2O_3 的还原起抑制作用。所制备的催化剂中 5% Ag-Mn-O 表现出最高的催化活性,而且在研究时间内不失活。笔者认为 Ag_2O 与 Mn_2O_3 之间的相互作用增强了 Ag-Mn-O 复合氧化物催化剂的氧化还原性质并抑制它们结晶,而这种相互作用与所制备催化剂低温下具有高催化活性密切相关。

El-Shobaky 等[127]研究了 Ag_2O 掺杂对 Co_3O_4/Al_2O_3 体系表面和催化 CO 氧化活性的影响。研究证明,400～800 ℃焙烧后的 Ag_2O 掺杂 Co_3O_4/Al_2O_3 体系中,Co_3O_4 的结晶度和粒度明显增大,体系的孔容则减小,尤其是 800 ℃以上焙烧的样品孔容减小更加明显。另外,随着 Ag_2O 掺杂量的增加,体系的催化活性提高。笔者认为 Ag_2O 掺杂仅仅增加了活性位点的浓度,没有改变体系催化氧化反应的机理。

Manuel 等[128]研究了负载型 Rh 催化剂对 CO 氧化的催化行为,其中 Rh 物种分别为单质 Rh 和氧化态 Rh。研究发现,同样条件下,氧化态 Rh 催化剂的催化活性要明显高于单质 Rh 的催化活性,这可能是因为 CeO_2-ZrO_2 的助催化影响使得 Rh 以氧化态存在。

Tanaka[129]以热处理后的 USY 沸石为载体,采用浸渍法分别制备了有无 K 促进剂的 Rh/USY 催化剂。研究发现,K-Rh/USY 催化剂在富氢条件下表现出很高的选择催化 CO 氧化活性,即使在 CO_2 存在情况下,其高催化活性也能得以保持。K-Rh/USY 催化剂的催化活性不受 H_2 分压的影响,而 Rh/USY 催化剂的催化活性则在富氢条件下明显降低。原位 IR 分析则表明,由于 K 与 USY 沸石上酸位点的相互作用,保证了金属态 Rh 在 USY 上稳定存在。

Kamimura 课题组[130]运用频率响应方法(Frequency response method)研究了 Ru/Al_2O_3 催化 CO 氧化的机理问题,研究结果证实 CO 反应次序,CO(g) →CO(a)→CO_2(g),能够自发进行。而另外一个氧次序,$1/2O_2$(g)→$1/2O_2$(a) →O(a)→CO_2(g),则使该反应逆向,尽管两者是结合在一起的。

1.2.2.3 负载型非贵金属催化剂

由于贵金属催化剂价格昂贵,而且一般都避免不了硫中毒,很长时间以来研究人员一直致力于非贵金属催化剂的研究,并取得了一定的成果。用于 CO 催化氧化的非贵金属催化剂常见的有铜催化剂、钴催化剂、锰催化剂以及它们的混合物。已商品化的霍加拉特(Hopcalite)催化剂即为铜氧化物和锰催化剂的混合物(40% CuO 和 60% MnO_x),即使在 -20 ℃,对 CO 氧化仍具有较高的活性,活性相当于贵金属催化剂,但在水汽存在下易失活,活性下降较快。下面将按照铜催化剂、钴催化剂和锰催化剂的分类对非贵金属催化剂分别进行讨论。

(1)铜催化剂

Kakuta 等[131]研究发现 CuO 催化剂的催化速率大致同块体 CuO→Cu 的还原速率相符,而 Cu_2O 催化剂的催化速率则同块体 CuO^*→Cu_2O 的还原速率相符(CuO^* 表示产生于 Cu_2O 氧化过程中的亚稳态二价氧化铜)。吸附 O^{2-} 或者 O^- 是 CuO^* 的基本特征,而吸附 O_2 或者 O 则是 CuO 的特征。Cu_2O 有改变化合态的倾向性并具备夺取或释放表面晶格氧的能力,使得其具有比 Cu 和 CuO 更高的催化活性。亚稳态氧化铜物种具有优良的转移表面晶格氧的能力,使得其催化活性高于 CuO。

相对单一 CuO 而言,负载 CuO 的催化剂可使活性组分 CuO 有更高的分散度和更适合的粒度,并且载体和 CuO 之间可能存在的相互作用也对其活性有较大影响,各因素相结合最后使负载 CuO 的催化剂表现出更高的催化活性和稳定性。具有变价性能的金属氧化物较适合于作为催化 CO 氧化催化剂的载体,如 CeO_2、Fe_2O_3、TiO_2 等。

具体原因包括如下几点:① 自动调节空气燃料比,具有较适宜的储氧和释氧能力。② 促进活性组分铜氧化物在其表面的高分散,避免因烧结导致的催化活性位的减少。③ 助催化作用。④ 提高催化剂的热稳定性,尤其是对载体进行锆等的掺杂后催化剂的热稳定性能得到很大程度的提高。⑤ 抗积炭等其他作用。

Luo 等[132]采用 CTAB 为模板,制备出高比表面积的 CuO/CeO_2 催化剂,其催化性能远高于采用普通共沉淀法制备出的低比表面的催化剂,并对活性组分的区分进行了表征和分析,结果显示高分散在载体表面的铜物种是产生高催化活性的根本原因。

Lin 等[133]采用浸渍法制备了 $CuO/Ce_{0.7}Sn_{0.3}O_2$、CuO/CeO_2 和 CuO/SnO_2 催化剂。研究发现,少量 CuO(6%)的加入就能形成活性位点,多余的 CuO 生成了 CuO 块体而对催化活性贡献很小。笔者认为,能吸附 CO 的高分散态的 CuO 是催化 CO 氧化的活性组分,而 $CuO/Ce_{0.7}Sn_{0.3}O_2$ 比 CuO/CeO_2 和 CuO/SnO_2 具有更高催化活性的原因在于它能为 CO 氧化提供活性氧物种。

催化剂 $Cu/MgO-SiO_2$ 上的酸碱位点的密度影响其活性,Gomez 等[134]运用凝胶—溶胶法在 pH 分别为 3 和 9 的情况下制备了 $Cu/MgO-SiO_2$ 催化剂,CO_2-TPD 和 NH_3-TPD 分析证实了在催化剂表面上形成了酸碱位点,催化剂上碱性位点的密度越大,其 CO 氧化催化活性越高。

Sedmak 等[135]采用溶胶—凝胶法制备了 $Cu_{0.1}Ce_{0.9}O_{2-y}$ 催化剂,并研究了其在富氢条件下催化 CO 氧化的动力学行为。该催化剂在 $45 \sim 90\ ℃$ 反应温度范围内对 CO 氧化有 100% 的选择性。笔者将其高选择性归因于在所制备的 $Cu_{0.1}Ce_{0.9}O_{2-y}$ 催化剂催化下 CO 比 H_2 有更强的夺取氧的能力。在很宽的 CO 和 O_2 分压范围内,笔者认为制备的 $Cu_{0.1}Ce_{0.9}O_{2-y}$ 催化剂选择性氧化 CO 氧化还原机理遵循"Mars and van Krevelen"模型规律。

Soria 等[136]采用浸渍方法制备了 Cu/Al_2O_3 和 $Cu/CeO_2-Al_2O_3$ 催化剂,研究表明,不同的铜物种有着不同的分散度,它们与载体相互作用也不同。对于催化剂 Cu/Al_2O_3,存在的三种 Cu^{2+} 物种有不同的分散度和还原性,且 Cu^{2+} 团簇比孤立的 Cu^{2+} 更容易还原。对于催化剂 $Cu/CeO_2/Al_2O_3$,部分铜离子与 CeO_2 相互作用使得 EPR 分析得到的 Cu^{2+} 强度较低,而且形成了特殊表面羰基配合物,该配合物 FTIR 光谱在 $2\ 105\ cm^{-1}$ 处有一特征峰。这是因为与三维 CeO_2 相互作用的铜离子在反应温度不高于 $200\ ℃$ 时被 CO 还原为 Cu^0,从而在 FTIR 光谱上有特定的羰基谱带。与 Cu/Al_2O_3 相比,$Cu/CeO_2/Al_2O_3$ 中与 CeO_2 相互作用的 Cu 更容易还原,而且铜的分散度更高,进而其催化活性高于 Cu/Al_2O_3。在催化过程中 CO 氧化机理是双官能团参与:氧在 CeO_2 表面上阴离子空穴处被激活,而 CO 优先吸附在具有更高氧化性的铜位点上,即 CO 氧化反应发生在活性中心界面上。

Park 和 Ledford[137]研究了 Cu/Al_2O_3 催化剂的表面结构对催化 CO 氧化反应活性的影响,当 $Cu/Al \leqslant 0.051$ 的时候,XPS 分析表明铜主要以表面分散态存在。ESR 研究表明,随着铜含量的增加,铜的分散态/聚集态比率降低。对于

Cu/Al≥0.077 的 Cu/Al$_2$O$_3$ 催化剂,XRD 可以检测到大量 CuO 晶体存在,随着铜含量的增加,铜的分散度降低,同时 CO 氧化反应的转化率增大。笔者认为晶体 CuO 是该类型催化剂的有效活性组分。

Veda 等人[138]以高比表面柱状铝黏土为载体,采用不同的制备方法制备出了负载 Cu-Ce 复合氧化物的催化剂,并将其应用到催化 CO 选择氧化反应中。分别采用了三种制备方法:非晶柠檬酸盐法、沉积—沉淀法和浸渍法。活性测试结果表明:后两种方法制备的催化剂样品具有更高的催化性能。CuO-CeO$_2$ 在载体表面的高分散性和 Cu 物种的易还原性,均是导致该催化剂体系具有高催化活性的关键因素。

(2) 其他非贵金属催化剂

Lin 等[139,140]采用 NaOH 沉淀硝酸钴,然后 H$_2$O$_2$ 氧化制备了 CoO$_x$ 单组分催化剂。其催化 CO 氧化活性测试结果表明:催化活性随着 Co 化合价态的升高而明显降低,即 CoO(+2)≥ Co$_3$O$_4$(+8/3)≫ CoO(OH)(+3)≥ CoO$_x$(>+3)。另外,笔者认为 CoO$_x$ 在 TPR 过程中为连续性还原过程。

Kang 等[141,142]采用共沉淀法制备了一系列 CoO$_x$/CeO$_2$ 催化剂。活性测试结果表明,CoO$_x$ 和 CeO$_2$ 之间的强相互作用使催化剂具有很高的催化活性,而且能够在一定程度上抵制水蒸气中毒。另一方面,由于 CO$_2$ 的滞留,该催化剂的活性在 CO 氧化过程中稍微降低。笔者认为在负载型催化剂中,高分散态的高价态钴物种是催化 CO 氧化反应的活性组分。

Colonna 等[143,144]采用浸渍法分别制备了不同 La、Co 含量的 La-Co-O/ZrO$_2$ 催化剂和不同 La、Fe 含量的 La-Fe-O/ZrO$_2$ 催化剂。XRD 分析结果表明有四方型和少量单斜晶相的 ZrO$_2$ 的存在,当 La、Co、Fe 含量超过 6% 时能检测到 LaCoO$_3$、LaFeO$_3$ 钙钛矿的存在。XAS 证明,Co 含量高时有 LaCoO$_3$ 和 Co$_3$O$_4$ 生成,而含量低时由于 La、Co、Fe 的氧化物物种与载体相互作用很难检测到相应的结构。CO 氧化活性测试结果表明,高分散态 Fe、Co 物种的存在是所制备催化剂催化活性较高的根本原因。

Hutchings 等[145]利用共沉淀法制备了一系列 Cu-Mn-O 催化剂,并研究了沉淀老化时间、pH 值、沉淀温度、Cu/Mn 含量比以及焙烧温度对催化 CO 氧化活性的影响。结果表明最理想的催化剂制备条件为:Cu/Mn=1/2、pH=8.3、沉淀反应温度 80 ℃、老化时间 12 h、焙烧温度 500 ℃、焙烧时间 17 h。

Xie 等[146]采用程序升温氮化法制备了 MoN 粉体催化剂,其具有与一些贵金属催化剂相近的高催化 CO 氧化活性。500 ℃ 以下的焙烧温度能使催化剂保持其晶相且有利于提高其催化活性。

Deraz 等[147]采用浸渍法制备了有 0.14%～3%ZnO 促进的 NiO/Al$_2$O$_3$ 催

化剂。研究发现,ZnO 的存在促进了 NiO 与 Al_2O_3 作用生成 $NiAl_2O_4$,同时 400 ℃和 600 ℃焙烧 ZnO 掺杂的 NiO/Al_2O_3 催化剂催化活性明显提高,而在 800 ℃焙烧的掺杂催化剂活性则明显降低。笔者认为,800 ℃焙烧的催化剂的活性降低是由高温焙烧引起催化活性位点(Ni)物种的减少而导致的。

Cracium 等[148]研究了催化 CO 氧化过程中,在有 CeO_2 促进剂和无 CeO_2 促进剂存在的 MnO_x/SiO_2 催化剂结构和催化活性之间的关系。结果表明,Mn 在 CeO_2 促进的 SiO_2 载体表面的分散度高于单纯 SiO_2 上的分散度,当 Mn 含量较低和有 CeO_2 促进剂时催化剂中 Mn 物种是以 MnO_2 的形式存在,而当 Mn 含量较高时,催化剂中 Mn 物种则是以 MnO_2 和 Mn_2O_3 混合物的形式存在。笔者还发现有 CeO_2 促进的 MnO_x/SiO_2 催化剂,催化 CO 氧化反应中存在协同催化影响,CeO_2 的存在抵制了低催化活性 Mn_2O_3 的生成。

1.3　本书研究内容

进入 21 世纪,节约能源、环境保护、实现可持续发展等成为人们广泛关注的焦点,并成为科研工作者必须解决的首要问题。从上面的文献综述不难看出,来自工业生产和汽车尾气的 CO 是空气中一种含量较多的环境污染物,它的存在会严重损害人类的中枢神经系统从而对人类的身体健康造成极大的危害,所以对 CO 的排放进行控制显得很有必要。此外,在燃料电池、CO 气体传感器、CO_2 激光器气体纯化、呼吸用气体净化装置、封闭体系中微量 CO 的消除等领域也涉及 CO 的控制和消除;而催化氧化消除是一个最有效的方法。基于上述原因,对 CO 低温氧化催化剂的研究一直是催化领域研究的热点之一。目前,广泛研究和已经应用的 CO 脱除催化剂多以常规金属氧化物为载体,以贵金属作为催化剂活性组分;该类催化剂的价格昂贵、易中毒失活等缺陷限制了其在实际生产和生活中的应用。

通过总结近年来科研工作者的工作还可以看出,多孔金属氧化物材料具有高比表面积、优良的渗透性、分子筛分功能和尺寸选择效应等很多独特的性质。并且不同的多孔纳米材料具有不同的孔径分布,不同的孔容,不同的表面性质以及不同的成分,通过纷繁的组合就可以得到很多与众不同的性质。这所有的一切共同促进了该领域的研究和发展,并迅速成为近年来最为热门的科研焦点。同时,人们为了克服贵金属价格昂贵和易中毒失活的缺陷而尝试使用过渡金属铜作为催化剂活性组分。众多科研工作者的研究结果已经证实,过渡金属铜具有类似甚至是高于贵金属的催化 CO 低温氧化性能,并且因为其具有价格低、性能稳定等优点,而迅速成为该领域的热门研究对象。

　　然而,到目前为止将多孔金属氧化物和过渡金属铜结合起来,制备出具有高催化性能、高稳定性和价格低廉的催化剂的研究工作却鲜有报道。本书中,笔者旨在解决上述问题,并充分结合多孔纳米材料和铜物种两者的性能及价格优势,采用不同的制备方法制备出具有介孔、介孔—大孔和低维等结构的纳米材料(ZrO_2、Ce-Zr-O、Ce-Sn-O、$CoFe_2O_4$、Fe_2O_3、TiO_2 等)及其负载 CuO 的负载型纳米催化剂。对所制备催化剂材料的结构进行 XRD、SEM、TEM、N_2-sorption、TG-DTA、XPS、H_2-TPR 等分析表征,并利用微反—色谱装置考察了其催化 CO 低温氧化的催化性能。

参 考 文 献

[1] DE A A,SOLER-ILLIA G J,SANCHEZ C,et al. Chemical strategies to design textured materials: from microporous and mesoporous oxides to nanonetworks and hierarchical structures[J]. Chemical Reviews,2002,102 (11):4093-4138.

[2] 张立德,牟季美. 纳米材料和纳米结构[M]. 北京:科学出版社,2001.

[3] Wang Z L. Handbook of nanophase and nanostructured materials[M]. 北京:清华大学出版社,2002.

[4] TEMPLITON A C,WUELFING W P,MURRAY R W. Monolayer-protected cluster molecules[J]. Accounts of Chemical Research,2017,33(1):27.

[5] SOMORJAI G A. ChemInform Abstract:The Surface Science of Heterogeneous Catalysis[J]. Cheminform,1994,25(24):no-no.

[6] El-SAYED M A. Some interesting properties of metals confined in time and nanometer space of different shapes[J]. Accounts of Chemical Research, 2001,34(4):257-264.

[7] LIEBER C M. One-dimensional nanostructures:chemistry,physics & applications[J]. Solid State Communications,1998,107(11):607-616.

[8] SING K S W,EVERETT D H,HAUL R A W,et al. Reporting physisorption data for gas/solid systems with special reference to the determination of surface area and porosity(Recommendations 1984)[J]. Pure and Applied Chemistry,1985,57(4):603-619.

[9] KRESGE C T,LEONOWICZ M E,ROTH W J,et al. Ordered mesoporous molecular sieves synthesized by a liquid-crystal template mechanism[J]. Nature,1992,359(6397):710-712.

[10] BECK J S,VARTULI J C,ROTH W J,et al. A new family of mesoporous molecular sieves prepared with liquid crystal templates[J]. Journal of the American Chemical Society,1992,114(27):10834-10843.

[11] DE A A,SOLER-ILLIA G J,SANCHEZ C,et al. Chemical strategies to design textured materials:from microporous and mesoporous oxides to nanonetworks and hierarchical structures[J]. Chemical Reviews,2002,102 (11):4093-4138.

[12] 阳晓宇. 纳米孔材料的设计与合成:催化中心的稳定化[D]. 吉林大学,2007.

[13] BIBBY D M,DALE M P. Synthesis of silica-sodalite from non-aqueous systems[J]. Nature,1985,317(6033):157-158.

[14] HUO Q,XU R,LI S,et al. ChemInform Abstract:Synthesis and Characterization of a Novel Extra Large Ring of Aluminophosphate JDF-20[J]. Journal of the Chemical Society Chemical Communications,1992,23(43): 875-876.

[15] ALTHOFF R,UNGER K,SCHVTH F. Is the formation of a zeolite from a dry powder via a gas phase transport process possible[J]. Microporous Materials,1994,2(6):563-564.

[16] FLANIGEN E M,BRECK D W. 137th National Meeting of the American Chemical Society[C]. Cleveland,OH;ACS:Washington. DC 1960:Abstr. 33M.

[17] BARRER R M,BAYHAM J W,BULTITUDE F W,et al. Hydrothermal Chemistry of the Silicates. Part Ⅷ. Low-Temperature Growth of Aluminosilicates,and of Some Gallium and Germanium Analogues[J]. Journal of the Chemical Society,1959:195-208.

[18] HOLDERICH W F. New horizons in catalysis using modified and unmodified pentasil zeolites[J]. Pure and Applied Chemistry,1986,58(10): 1383-1388.

[19] CORMA A,CLIMENT M J,GARCIA H,et al. Design of synthetic zeolites as catalysts in organic reactions:acylation of anisole by acyl chlorides or carboxylic acids over acid zeolites[J]. Applied catalysis,1989,49(1): 109-123.

[20] TARAMASSO M,PEREGO G,NOTARI B. Preparation of porous crystalline synthetic material comprised of silicon and titanium oxides:U. S.

Patent 4,410,501[P]. 1983-10-18.

[21] ESPOSITO A, TARAMASSO M, NERI C. Hydroxylating aromatic hydrocarbons: US, US4396783[P]. 1983.

[22] MOSCOU L. Introduction to zeolite science and practice[M]. The Netherlands: Elsevier, 1991: 1.

[23] VIDAL L, MARICHAL C, GRAMLICH V, et al. Mu-7, a new layered aluminophosphate[CH_3NH_3]$_3$[$Al_3P_4O_{16}$] with a 4×8 network: Characterization, structure, and possible crystallization mechanism[J]. Chemistry of materials, 1999, 11(10): 2728-2736.

[24] MINTOVA S, BEIN T. Nanosized zeolite films for vapor-sensing applications[J]. Microporous and Mesoporous Materials, 2001, 50(2): 159-166.

[25] MINTOVA S, BEIN T. Humidity sensing with ultrathin LTA-type molecular sieve films grown on piezoelectric devices[J]. Chemistry of Materials, 2001, 13(3): 901-905.

[26] WANG N, TANG Z K, LI G D, et al. Materials science: Single-walled 4 Å carbon nanotube arrays[J]. Nature, 2000, 408(6808): 50.

[27] TANG Z K, ZHANG L, WANG N, et al. Superconductivity in 4 angstrom single-walled carbon nanotubes[J]. Science, 2001, 292(5526): 2462-2465.

[28] MONNIER A, SCHUTH F, HUO Q, et al. Cooperative formation of inorganic-organic interfaces in the synthesis of silicate mesostructures[J]. Science (New York, NY), 1993, 261(5126): 1299-1303.

[29] HUO Q, MARGOLESE D I, CIESIA U, et al. Generalized synthesis of periodic surfactant inorganic composite materials [J]. Nature, 1994, 368(6469): 317-321.

[30] HUO Q, MARGOLESE D I, CIESIA U, et al. Organization of organic molecules with inorganic molecular species into nanocomposite biphase arrays[J]. Chemistry of Materials, 1994, 6(8): 1176-1191.

[31] INAGAKI S, FUKUSHIMA Y, KURODA K. Synthesis of highly ordered mesoporous materials from a layered polysilicate[J]. Journal of the Chemical Society, Chemical Communications, 1993(8): 680-682.

[32] TANEV P T, PINNAVAIA T J. A Neutral Templating Route to Mesoporous Molecular Sieves[J]. Science, 1995, 267(5199): 865.

[33] BAGSHAW S A, PROUZET E, PINNAVAIA T J. Templating of mesoporous molecular sieves by nonionic polyethylene oxide surfactants[J].

Science,1995,269(5228):1242.

[34] CHEN C Y,BURKETT S L,LI H X,et al. Studies on mesoporous materials Ⅱ. Synthesis mechanism of MCM-41[J]. Microporous Materials, 1993,2(1):27-34.

[35] ANTONELLI D M,YING J Y. Synthesis of hexagonally packed mesoporous TiO_2 by a modified sol-gel method[J]. Angewandte Chemie International Edition in English,1995,34(18):2014-2017.

[36] WEI Y,JIN D,DING T,et al. A Non-surfactant Templating Route to Mesoporous Silica Materials[J]. Advanced Materials,1998,10(4):313-316.

[37] YUAN Z Y,SU B L. Insights into hierarchically meso-macroporous structured materials[J]. Journal of Materials Chemistry,2006,16(7):663-677.

[38] KRUK M,JARONIEC M,RYOO R,et al. Characterization of ordered mesoporous carbons synthesized using MCM-48 silicas as templates[J]. The Journal of Physical Chemistry B,2000,104(33):7960-7968.

[39] RYOO R,JOO S H,KRUK M,et al. Ordered mesoporous carbons[J]. Advanced Materials,2001,13(9):677-681.

[40] JOO S H,CHOI S J,OH I,et al. Ordered nanoporous arrays of carbon supporting high dispersions of platinum nanoparticles[J]. Nature,2001, 412(6843):169-172.

[41] JUN S,JOO S H,RYOO R,et al. Synthesis of new,nanoporous carbon with hexagonally ordered mesostructure[J]. Journal of the American Chemical Society,2000,122(43):10712-10713.

[42] CHEN J,TAO Z L,LI S L. Fabrication of Ru and Ru-based functionalized nanotubes[J]. Journal of the American Chemical Society,2004,126(10): 3060-3061.

[43] CAI F S,ZHANG G Y,CHEN J,et al. Ni (OH)$_2$ Tubes with Mesoscale Dimensions as Positive-Electrode Materials of Alkaline Rechargeable Batteries[J]. Angewandte Chemie International Edition,2004,43(32): 4212-4216.

[44] SMAIHI M,KALLUS S,RAMSAY J D F. 02-P-18-In-situ,NMR study of mechanisms of zeolite A formation[J]. Studies in Surface Science & Catalysis,2001,135(2001):271-278.

[45] YANG P,ZHAO D,MARGOLESE D I,et al. Generalized syntheses of large-pore mesoporous metal oxides with semicrystalline frameworks[J].

Nature,1998,396(6707):152-155.

[46] TOHVER V,BRAUN P V,PRALLE M U,et al. Counterion effects in liquid crystal templating of nanostructured CdS[J]. Chemistry of materials,1997,9(7):1495-1498.

[47] ATTARD G S,CORKER J M,GOLTNER C G,et al. Liquid-Crystal Templates for Nanostructured Metals[J]. Angewandte Chemie International Edition in English,1997,36(12):1315-1317.

[48] RYOO R,JOO S H,JUN S. Synthesis of highly ordered carbon molecular sieves via template-mediated structural transformation[J]. The Journal of Physical Chemistry B,1999,103(37):7743-7746.

[49] JUN S,JOO S H,RYOO R,et al. Synthesis of new,nanoporous carbon with hexagonally ordered mesostructure[J]. Journal of the American Chemical Society,2000,122(43):10712-10713.

[50] KASKEL S,FARRUSSENG D,SCHLICHTE K. Synthesis of mesoporous silicon imido nitride with high surface area and narrow pore size distribution[J]. Chemical Communications,2000(24):2481-2482.

[51] INAGAKI S,KOIWAI A,SUZUKI N,et al. Syntheses of highly ordered mesoporous materials,FSM-16,derived from kanemite[J]. Bulletin of the Chemical Society of Japan,1996,69(5):1449-1457.

[52] YANAGISAWA T,SHIMIZU T,KURODA K,et al. The preparation of alkyltriinethylaininon- ium-kaneinite complexes and their conversion to microporous materials[J]. Bulletin of the Chemical Society of Japan, 1990,63(4):988-992.

[53] KIMURA T,KAMATAT,FUZIWARA M,et al. Formation of novel ordered mesoporous silicas with square channels and their direct observation by transmission electron microscopy[J]. Angewandte Chemie. ,2000, 39(21):3855-3859.

[54] CHOI S Y,MAMAK M,COOMBS N,et al. Electrochromic performance of viologen-modified periodic mesoporous nanocrystalline anatase electrodes[J]. Nano letters,2004,4(7):1231-1235.

[55] YE B,TRUDEAU M,ANTONELLI D. Synthesis and electronic properties of potassium fulleride nanowires in a mesoporous niobium oxide host [J]. Advanced Materials,2001,13(1):29-33.

[56] SKADTCHENKO B O,TRUDEAU M,KWON C W,et al. Synthesis and

Electrochemistry of Li- and Na-Fulleride Doped Mesoporous Ta Oxides [J]. Chemistry of Materials,2004,16(15):2886-2894.

[57] VETTRAINO M,HE X,TRUDEAU M,et al. Synthesis of a stable metallic niobium oxide molecular sieve and subsequent room temperature activation of dinitrogen[J]. Advanced Functional Materials, 2002, 12 (3): 174-178.

[58] KRON D A,HOLLAND B T,WIPSON R,et al. Anion exchange properties of a mesoporous aluminophosphate[J]. Langmuir,1999,15(23):8300-8308.

[59] STEIN A,SCHRODEN R C. Colloidal crystal templating of three-dimensionally ordered macroporous solids:materials for photonics and beyond [J]. Current Opinion in Solid State and Materials Science, 2001, 5(6):553-564.

[60] BLIN J L,LEONARD A,YUAN Z Y,et al. Hierarchically mesoporous/macroporous metal oxides templated from polyethylene oxide surfactant assemblies[J]. Angewandte Chemie(International ed. in English),2003, 42(25):2872.

[61] IMHOF A,PINE D J. Ordered macroporous materials by emulsion templating[J]. Nature,1997,389(6654):948-951.

[62] 杨振忠,齐凯,容建华,等. 模板技术合成有序介孔/大孔二氧化硅[J]. 科学通报,2001,46(16):1349-1352.

[63] SHAO G S,ZHANG X J,YUAN Z Y. Preparation and photocatalytic activity of hierarchically mesoporous-macroporous $TiO_{2-x}N_x$[J]. Applied Catalysis B:Environmental,2008,82(3):208-218.

[64] CARREON M A. Macro and mesoporous mixed metal oxides for the partial oxidation of lower alkanes[D]. US:University of Cincinnati,2003.

[65] MIGUEZ H,KITAEV V,OZIN G A. Band spectroscopy of colloidal photonic crystal films[J]. Applied Physics Letters,2004,84(8):1239-1241.

[66] MIGUEZ H,KITAEV V,OZIN G A. Colloidal crystal films:Advances in universality and perfection[J]. Journal of the American Chemical Society, 2003,125(50):15589-15598.

[67] BLANCO A,CHOMSKI E,GRABTCHAK S,et al. Large-scale synthesis of a silicon photonic crystal with a complete three-dimensional bandgap near 1.5 micrometres[J]. Nature,2000,405(6785):437-440.

[68] BOURANE A,BIANCHI D. Oxidation of CO on a Pt/Al_2O_3 catalyst:

From the surface elementary steps to light-off tests: I . Kinetic study of the oxidation of the linear CO species[J]. Journal of Catalysis, 2001, 202(1):34-44.

[69] THORMAHLEN P, SKOGLUNDH M, FRIDELL E, et al. Low-Temperature CO Oxidation over Platinum and Cobalt Oxide Catalysts[J]. Journal of Catalysis, 1999, 188(2):300-310.

[70] WOLF A, SCHUTH F. A systematic study of the synthesis conditions for the preparation of highly active gold catalysts[J]. Applied Catalysis A: General, 2002, 226(1):1-13.

[71] WU H C, LIU L C, YANG S M. Effects of additives on supported noble metal catalysts for oxidation of hydrocarbons and carbon monoxide[J]. Applied Catalysis A: General, 2001, 211(2):159-165.

[72] YUAN Y, KOZLOVA A P, ASAKURA K, et al. Supported Au catalysts prepared from Au phosphine complexes and as-precipitated metal hydroxides: characterization and low-temperature CO oxidation[J]. Journal of Catalysis, 1997, 170(1):191-199.

[73] GRISEL R J H, NIEUWENHUYS B E. Selective oxidation of CO, over supported Au catalysts[J]. Journal of Catalysis, 2001, 199(1):48-59.

[74] TRIMM D L, ÖNSAN Z I. Onboard fuel conversion for hydrogen-fuel-cell-driven vehicles[J]. Catalysis Reviews, 2001, 43(1-2):31-84.

[75] ERTL G, RAU P. Chemisorption und katalytische Reaktion von Sauerstoff und Kohlenmonoxid an einer Palladium (110)-Oberfläche[J]. Surface Science, 1969, 15(3):443-465.

[76] CLOSE J S, WHITE J M. On the oxidation of carbon monoxide catalyzed by palladium[J]. Journal of Catalysis, 1975, 36(2):185-198.

[77] STAMPFL C, SCHEFFLER M. Density-functional theory study of the catalytic oxidation of CO over transition metal surfaces[J]. Surface Science, 1999(433):119-126.

[78] LABERTY C, MARQUEZ-ALVAREZ C, DROUET C, et al. CO Oxidation over Nonstoi-chiometric Nickel Manganite Spinels[J]. Journal of Catalysis, 2001, 198(2):266-276.

[79] JERNIGAN G G, SOMORJAI G A. Carbon monoxide oxidation over three different oxidation states of copper: metallic copper, copper(I) oxide, and copper(II) oxide-a surface science and kinetic study[J]. Journal of Catal-

ysis,1994,147(2):567-577.

[80] JANSSON J. Low-temperature CO oxidation over Co_3O_4/Al_2O_3[J]. Journal of Catalysis,2000,194(1):55-60.

[81] FERNANDEZ-GARCIA M,MARTINEZ-ARIAS A,SALAMANCA L N,et al. Influence of ceria on Pd activity for the $CO+O_2$ reaction[J]. Journal of Catalysis,1999,187(2):474-485.

[82] LIZUKA Y,TODE T,TAKAO T,et al. A kinetic and adsorption study of CO oxidation over unsupported fine gold powder and over gold supported on titanium dioxide[J]. Journal of Catalysis,1999,187(1):50-58.

[83] HARUTA M,TSUBOTA S,KOBAYASHI T,et al. Low-temperature oxidation of CO over gold supported on TiO_2,α-Fe_2O_3,and Co_3O_4[J]. Journal of Catalysis,1993,144(1):175-192.

[84] LUO J Y,MMENG M,LI X,et al. Mesoporous Co_3O_4-CeO_2 and Pd/Co_3O_4-CeO_2 catalysts:synthesis,characterization and mechanistic study of their catalytic properties for low-temperature CO oxidation[J]. Journal of Catalysis,2008,254(2):310-324.

[85] DOERING D L,POPPA H,DICKINSON J T. UHV studies of the interaction of CO with small supported metal particles,PdMica[J]. Journal of Catalysis,1982,73(1):104-119.

[86] NAGASE K,ZHENG Y,KODAMA Y,et al. Dynamic Study of the Oxidation State of Copper in the Course of Carbon Monoxide Oxidation over Powdered CuO and Cu_2O[J]. Journal of Catalysis,1999,187(1):123-130.

[87] NIJHUIS T A,MAKKEE M,VAN LANGEVELD A D,et al. New insight in the platinum- catalyzed CO oxidation kinetic mechanism by using an advanced TAP reactor system[J]. Applied Catalysis A:General,1997,164(1-2):237-249.

[88] XIE G H,JIANG Z C,BAI T F,et al. Catalytic activity and stability of Mo_2N in CO oxidation[J]. Chinese Chemica Letters,1998,9(6):579-581.

[89] 贾明君,张文祥,陶玉国,等.纳米 Co_3O_4 的制备、表征及 CO 低温催化氧化[J].高等学校化学学报,1999,20(4):637-639.

[90] LIN H K,CHIU H C,TSAI H C,et al. Synthesis,characterization and catalytic oxidation of carbon monoxide over cobalt oxide[J]. Catalysis Letters,2003,88(3):169-174.

[91] LIN H K,WANG C B,CHIU H C,et al. In situ FTIR study of cobalt ox-

ides for the oxidation of carbon monoxide[J]. Catalysis Letters, 2003, 86(1-3):63-68.

[92] PAN C, ZHANG D, SHI L. CTAB assisted hydrothermal synthesis, controlled conversion and CO oxidation properties of CeO_2, nanoplates, nanotubes, and nanorods[J]. Journal of Solid State Chemistry, 2008, 181(6): 1298-1306.

[93] SARAMAT A, THORMAHLEN P, SKOGLUNDH M, et al. Catalytic oxidation of CO over ordered mesoporous platinum[J]. Journal of Catalysis, 2008, 253(2):253-260.

[94] 林培琰, 唐靓, 陈伟, 等. Cu, Pd-ZSM-5 上 NO 分解和 CO 氧化的催化作用 [J]. 分子催化, 1996(10):245.

[95] SHEN Y F, SUIB S L, O'YOUNG C L. Cu containing octahedral molecular sieves and octahedral layered materials[J]. Journal of Catalysis, 1996, 161(1):115-122.

[96] XIA G G, YIN Y G, WILLIS W S, et al. Efficient stable catalysts for low temperature carbon monoxide oxidation[J]. Journal of Catalysis, 1999, 185(1):91-105.

[97] YUAN Y, ASAKURA K, WAN H, et al. Preparation of supported gold catalysts from gold complexes and their catalytic activities for CO oxidation[J]. Catalysis Letters, 1996, 42(1):15-20.

[98] YUAN Y, KOZLOVA A P, ASAKURA K, et al. Supported Au catalysts prepared from Au phosphine complexes and as-precipitated metal hydroxides: characterization and low-temperature CO oxidation[J]. Journal of Catalysis, 1997, 170(1):191-199.

[99] BOND G C, THOMPON D T. Catalysis by gold[J]. Catalysis Reviews Science & Engineering, 1999(41):319-388.

[100] MORAN-PINEDA M, CASTILLO S, GOMEZ R. Low temperature CO oxidation on Au/TiO_2, sol-gel catalysts[J]. Reaction Kinetics, Mechanisms and Catalysis, 2002, 76(2):375-381.

[101] BOCCUZZI F, CHIORINO A, MANZOLI M, et al. Au/TiO_2 nanosized samples: A catalytic, TEM, and FTIR study of the effect of calcination temperature on the CO oxidation[J]. Journal of Catalysis, 2001, 202(2): 256-267.

[102] MA Z, BROWN S, OVERBURY S H, et al. $Au/PO_4^{3-}/TiO_2$ and $PO_4^{3-}/$

Au/TiO$_2$ catalysts for CO oxidation: effect of synthesis details on catalytic performance [J]. Applied Catalysis A: General, 2007, 327 (2): 226-237.

[103] MA Z, BROWN S, HOWE J Y, et al. Surface modification of Au/TiO$_2$ catalysts by SiO$_2$ via atomic layer deposition[J]. The Journal of Physical Chemistry C, 2008, 112(25): 9448-9457.

[104] TRIPATHI A K, KAMBLE V S, GUPTA N M. Microcalorimetry, adsorption, and reaction studies of CO, O$_2$, and CO+O$_2$ over Au/Fe$_2$O$_3$, Fe$_2$O$_3$, and polycrystalline gold catalysts[J]. Journal of Catalysis, 1999, 187(2): 332-342.

[105] KOZLOVA A P, SUGIYAMA S, KOZLOV A I, et al. Iron-oxide supported gold catalysts derived from gold-phosphine complex Au(PPh$_3$)(NO$_3$): state and structure of the support[J]. Journal of Catalysis, 1998, 176(2): 426-438.

[106] SMIT G. Magnetite and maghemite as gold-supports for catalyzed CO oxidation at low temperature[J]. Croatica Chemica Acta, 2003, 76 (3): 269-271.

[107] LIN J N, WAN B Z. Effects of preparation conditions on gold/Y-type zeolite for CO oxidation[J]. Applied Catalysis B: Environmental, 2003, 41(1): 83-95.

[108] WANG D, HAO Z, CHENG D, et al. Influences of pretreatment conditions on low-temperature CO oxidation over Au/MO$_x$/Al$_2$O$_3$ Catalysts [J]. Journal of Molecular Catalysis A Chemical, 2003, 200(1): 229-238.

[109] LIU H C, KOZLOVA A P, KOZLOV A I, et al. Active oxygen species and reaction mechanism for low-temperature CO oxidation on an Fe$_2$O$_3$-supported Au catalyst prepared from Au(PPh$_3$)(NO$_3$) and as-precipitated iron hydroxidePhy[J]. Physical Chemistry Chemical Physics, 1999, 1(11): 2851-2860.

[110] COSTELLO C K, KUNG M C, OH H S, et al. Nature of the active site for CO oxidation on highly active Au/γ-Al$_2$O$_3$[J]. Applied Catalysis A: General, 2002, 232(1): 159-168.

[111] LEE S J, GAVRIILIDIS A. Supported Au catalysts for low-temperature CO oxidation prepared by impregnation[J]. Journal of Catalysis, 2002, 206(2): 305-313.

[112] XU Q, KHARAS K C C, DATYE A K. The preparation of highly dis-

persed Au/Al$_2$O$_3$ by aqueous impregnation[J]. Catalysis Letters,2003, 85(3):229-235.

[113] ARRII S,MORFIN F,RENOUPREZ A J,et al. Oxidation of CO on gold supported catalysts prepared by laser vaporization: direct evidence of support contribution[J]. Journal of the American Chemical Society, 2004,126(4):1199-1205.

[114] ROH H S,POTDAR H S,JUN K W,et al. Low Temperature Selective CO Oxidation in Excess of H$_2$ over Pt/Ce-ZrO$_2$ Catalysts[J]. Catalysis Letters,2004,93(3):203-207.

[115] ÖZKARA S,AKSOYLU A E. Selective low temperature carbon monoxide oxidation in H$_2$-rich gas streams over activated carbon supported catalysts[J]. Applied Catalysis A:General,2003,251(1):75-83.

[116] WOJCIECHOWAKI B W,ASPREY S P. Kinetic studies using temperature-scanning:the oxidation of carbon monoxide[J]. Applied Catalysis A:General,2000,190(1):1-24.

[117] GRACIA F J,BOLLMANN L,WOLF E E,et al. In situ FTIR,EXAFS, and activity studies of the effect of crystallite size on silica-supported Pt oxidation catalysts[J]. Journal of Catalysis,2003,220(2):382-391.

[118] AKIN A N,KILAZ G,ISLI A I,et al. Development and characterization of Pt-SnO$_2$/gamma-Al$_2$O$_3$ catalysts[J]. Chemical Engineering Science, 2001,56(3):881-888.

[119] LUO M F,HOU Z Y,YUAN X X,et al. Characterization study of CeO$_2$, supported Pd catalyst for low-temperature carbon monoxide oxidation [J]. Catalysis Letters,1998,50(3):205-209.

[120] FERNANDEZ-GERCIA M,MARTINEZ-ARIAS A,SALAMANCA L N,et al. Influence of ceria on Pd activity for the CO+O$_2$ reaction[J]. Journal of Catalysis,1999,187(2):474-485.

[121] DONG G,WANG J,GAO Y,et al. A novel catalyst for CO oxidation at low temperature[J]. Catalysis Letters,1999,58(1):37-41.

[122] KILI K,HILAIRE L,NORMAND F L. Modification by lanthanide(La, Ce) promotion of catalytic properties of palladium:Characterization of the catalysts[J]. Physical Chemistry Chemical Physics,1999,1(7): 1623-1631.

[123] BERNAL S,CALVINO J J,CIFREDO G A,et al. Study of the Structural

Modifications Induced by Reducing Treatments on a $Pd/Ce_{0.8}Tb_{0.2}O_{2-x}/La_2O_3Al_2O_3$ Catalyst by Means of X-ray Diffraction and Electron Microscopy Techniques[J]. Chemistry of Materials, 2002, 14(3):1405-1410.

[124] SONG K S, KANG S K, KIM S D. Preparation and characterization of $Ag/MnO_x/perovskite$ catalysts for CO oxidation[J]. Catalysis Letters, 1997, 49(1):65-68.

[125] MARGITFALVI J L, BORBATH I, HEGEDUS M, et al. Low temperature oxidation of CO over tin-modified Pt/SiO_2 catalysts[J]. Catalysis Today, 2002, 73(3):343-353.

[126] LIN R, LIU W P, ZHONG Y J, et al. Catalyst characterization and activity of Ag-Mn complex oxides[J]. Applied Catalysis A:General, 2001, 220(1):165-171.

[127] EL-SHOBAKY G A, SHOUMAN M A, EL-KHOULY S M. Effect of silver oxide doping on surface and catalytic properties of Co_3O_4/Al_2O_3 system[J]. Materials Letters, 2004, 58(1):184-190.

[128] MANUEL I, THOMAS C, BOURGEOIS C, et al. Comparison between turnover rates of CO oxidation over Rh_0 or Rh_{x+} supported on model three-way catalysts[J]. Catalysis Letters, 2001, 77(4):193-195.

[129] TANAKA H, ITO S, KAMEOKA S, et al. Catalytic performance of K-promoted Rh/USY catalysts in preferential oxidation of CO in rich hydrogen[J]. Applied Catalysis A:General, 2003, 250(2):255-263.

[130] YASUDA Y, HITOSHI M A, KAMIMURA T. Frequency Response Method for Investigation of Kinetic Details of a Heterogeneous Catalyzed Reaction of Gases[J]. Journal of Physical Chemistry B, 2002, 106(26):7185-7190.

[131] NAGASE K, ZHENG Y, KODAMA Y, et al. Dynamic study of the oxidation state of copper in the course of carbon monoxide oxidation over powdered CuO and Cu_2O[J]. Journal of Catalysis, 1999, 187(1):123-130.

[132] LUO M F, MA J M, LU J Q, et al. High-surface area $CuO-CeO_2$ catalysts prepared by a surfactant-templated method for low-temperature CO oxidation[J]. Journal of Catalysis, 2007, 246(1):52-59.

[133] LIN R, LUO M F, ZHONG Y J, et al. Comparative study of $CuO/Ce_{0.7}Sn_{0.3}O_2$, CuO/CeO_2 and CuO/SnO_2 catalysts for low-temperature CO oxidation[J]. Applied Catalysis A:General, 2003, 255(2):331-336.

[134] MANRIQUEZ M E,LOPEZ T,GOMEZ R. CO Oxidation on Cu/MgO-SiO₂,Sol-Gel Derived Catalysts[J]. Journal of Sol-Gel Science and Technology,2003,26(1):853-857.

[135] SEDMAK G,HOCEVAR S,LEVEC J. Kinetics of selective CO oxidation in excess of H_2 over the nanostructured $Cu_{0.1}Ce_{0.9}O_{2y}$ catalyst[J]. Journal of Catalysis,2003,213(2):135-150.

[136] MARTINEZ-ARIAS A,CATALUNA R,CONESA J C,et al. Effect of Copper-Ceria Interactions on Copper Reduction in a $Cu/CeO_2/Al_2O_3$ Catalyst Subjected to Thermal Treatments in CO[J]. The Journal of Physical Chemistry B,1998,102(5):809-817.

[137] PARK P W,LEDFORD J S. The influence of surface structure on the catalytic activity of alumina supported copper oxide catalysts. Oxidation of carbon monoxide and methane[J]. Applied Catalysis B:Environmental,1998,15(3):221-231.

[138] RAMASWAMY V, MALWADKAR S,CHILUKURI S. Cu-Ce mixed oxides supported on Alpillared clay:effect of method of preparation on catalytic activity in the preferential oxidation of carbon monoxide[J]. Applied Catalysis B:Environmental,2008,84(1):21-29.

[139] LIN H K,CHIU H C,TSAI H C,et al. Synthesis,characterization and catalytic oxidation of carbon monoxide over cobalt oxide[J]. Catalysis Letters,2003,88(3):169-174.

[140] LIN H K,WANG C B,CHIU H C,et al. In situ FTIR study of cobalt oxides for the oxidation of carbon monoxide[J]. Catalysis Letters,2003,86(1-3):63-68.

[141] KANG M,SONG M W,LEE C H. Catalytic carbon monoxide oxidation over CoO_x/CeO_2 composite catalysts[J]. Applied Catalysis A:General,2003,251(1):143-156.

[142] KANG M,SONG M W,KIM K L. Catalytic oxidation of carbon monoxide over CoO_x/CeO_2 catalysts[J]. Reaction Kinetics and Catalysis Letters,2003,79(1):3-10.

[143] COLONNA S,DE ROSSI S,FATICANTI M,et al. Zirconia supported La,Co oxides and $LaCoO_3$ perovskite:structural characterization and catalytic CO oxidation[J]. Journal of Molecular Catalysis A:Chemical,2002,180(1):161-168.

[144] COLONNA S,DE ROSSI S,FATICANTI M,et al. XAS characterization and CO oxidation on zirconia-supported LaFeO$_3$ perovskite[J]. Journal of Molecular Catalysis A:Chemical,2002,187(2):269-276.

[145] HUTCHINGS G J,MIZAEI A A,JOYLOR R W,et al. Effect of preparation conditions on the catalytic performance of copper manganese oxide catalysts for CO oxidation [J]. Applied Catalysis A: General, 1998, 166(1):143-152.

[146] XIE G H,JIANG Z C,BAI T F,et al. Catalytic activity and stability of Mo$_2$N in CO oxidation [J]. Chinese Chemical Letters, 1998, 9(6): 579-581.

[147] DERAZ N A M. Catalytic oxidation of carbon monoxide on non-doped and zinc oxide-doped nickel-alumina catalysts[J]. Colloids and Surfaces A:Physicochemical and Engineering Aspects,2003,218(1):213-223.

[148] CRACIUM R. Structure/activity correlation for unpromoted and CeO$_2$-promoted MnO$_2$/SiO$_2$ catalysts [J]. Catalysis Letters, 1998, 55 (1): 25-31.

第 2 章 实 验 方 法

2.1 实 验 原 料

2.1.1 药品与试剂

实验用药品与试剂如表 2-1 所示。

表 2-1　　　　　　　　　实验用药品与试剂

名称	化学式	规格	产　地
硝酸铈	$Ce(NO_3)_3 \cdot 6H_2O$	分析纯	天津市福晨化学试剂厂
硝酸锆	$Zr(NO_3)_4 \cdot 5H_2O$	分析纯	天津市福晨化学试剂厂
硝酸铜	$Cu(NO_3)_2 \cdot 3H_2O$	分析纯	天津市天大化工实验厂
硝酸钴	$Co(NO_3)_2 \cdot 6H_2O$	分析纯	天津市光复精细化工研究所
锡粉	SnO_2	分析纯	天津市光复精细化工研究所
氢氧化钠	$NaOH$	分析纯	天津市化学试剂一厂
CTAB	$[CH_3(CH_2)_{15}]N(CH_3)_3Br$	分析纯	天津市光复精细化工研究所
硝酸铁	$Fe(NO_3)_3 \cdot 6H_2O$	分析纯	天津市光复精细化工研究所
钛酸丁酯	$C_{16}H_{36}O_4Ti$	分析纯	天津市科密欧化学试剂中心
氧化铁	Fe_2O_3	工业纯	天津市福晨化学试剂厂
凹凸棒石黏土	$HNO_3(H_2O)_4(Mg,Al,Fe)_5-(OH)_2Si_8O_{20} \cdot 4H_2O$	工业纯	安徽天骄公司
无水碳酸钠	Na_2CO_3	分析纯	天津市光复精细化工研究所
无水乙醇	CH_3CH_2OH	分析纯	天津市华东试剂厂
硫酸	H_2SO_4	分析纯	天津市光复精细化工研究所
氨水	$NH_3 \cdot H_2O$	分析纯	天津市光复精细化工研究所

2.1.2 气体

实验用气体如表 2-2 所示。

表 2-2 实验用气体

名称	分子式	规格	产　地
一氧化碳	CO	99.99%	北温气体制造厂
10%氢气/90%氩气	10% H_2/90%Ar	混合气	天津六方高科气体有限公司
氢气	H_2	99.99%	天津六方高科气体有限公司
氮气	N_2	99.99%	天津六方高科气体有限公司

2.2　主要实验及分析仪器

主要实验及分析仪器如表 2-3 所示。

表 2-3 主要实验及分析仪器

名称	型号	生产厂家
磁力加热搅拌器	85-2	甄城华鲁电磁仪器有限公司
高速离心机	LG10-2.4A	北京雷勃尔离心机有限公司
聚四氟水热釜	60 mL	南开大学金工厂
数控超声波清洗机	KQ-250DE	昆山市超声仪器有限公司
气相色谱仪	GC 900A	科创色谱仪器有限公司
氢气发生器	QL-300	济南应用化工科技开发公司
无音无油空压机	WYK-2	天津市蓝珂科技实业公司
电热恒温干燥箱	DH-204	天津中环实验电炉有限公司
程序升温马弗炉	KSW-5-12A	天津中环实验电炉有限公司
微型催化反应装置	定制	天津市鹏翔科技有限公司
X-射线粉末衍射仪	D/max-2500	日本理学
扫描电镜	SS-550	Shimadzu 公司
透射电镜	Philips T20ST	Philips 公司
傅立叶红外分析仪	VECTOR 22	Brucker 公司
氮气吸附分析仪	NOVA 2000e	Quantachrome 公司
化学吸附分析仪	CHEMBET-3000	Quantachrome 公司
X-射线光电子能谱仪	PHI-5600	Perkin-Elmer 公司
热分析仪	Rigaku Standard Model	日本理学
电感耦合等离子发射光谱仪	ICP 9000(N＋M)	Thermo Jarrell-Ash 公司

2.3 催化剂理化性质表征

2.3.1 X-射线衍射仪(XRD)

X 射线是波长范围为 0.05～0.25 nm 的电磁波,具有很强的穿透力。在实际应用中,X 射线通常是利用一种类似热阴极二极管装置获得,X 射线管由阳极靶和阴极灯丝组成,两者之间加有高电压,并置于玻璃金属管壳内。特性 X 射线的产生机理与阳极物质的原子内部结构紧密相关,当高速电子与原子发生碰撞时,电子就可以将原子核内 K 层上的一个电子击出并产生空穴,此时电子就处于高能的不稳定激发状态。在向稳定过渡的退激发过程中,位于次外层具有较高能量的 L 层电子可以跃迁到 K 层,并释放出能量。该能量差 $\Delta E = E_L - E_K = h\nu$ 将以 X 射线的形式发射出去,其波长 $\lambda = h/\Delta E$ 取决于原子序数的常数。这种由 L→K 的跃迁产生的 X 射线称为 Kα 辐射。利用 X 射线分析晶体结构的理论基础是 1912 年小布拉格(W. L. Bragg)提出的布拉格方程:$2d\sin\theta = n\lambda$,其中 d 为相邻晶面的晶面间距[1]。

本书中的催化剂样品的 XRD 分析在日本理学株式会社生产的 Rigaku D/max-2500 型 X-射线衍射仪上进行。采用 Cu Kα($\lambda = 1.541\,8$ Å)辐射源,石墨单色检测器,管压 40 kV,管流 100 mA,阶宽 0.02°,衍射角 2θ 范围 3°～80°,扫描速度 8°/min。

依据 XRD 衍射图,利用 Schemer 公式,根据衍射峰的半峰宽和位置,可以计算出纳米粒子的粒径。Scherrer 公式如下:

$$D = K\lambda / \beta\cos\theta$$

式中 λ——测定时所用的 X 射线波长,本实验取 0.154 18 nm;

K——常数,用半高宽 $\beta_{1/2}$(弧度)时 K 取 0.9;

β——因纳米粒子的细化而引起的衍射峰的宽化;

θ——衍射峰的 Bragg 角度。

2.3.2 氮气吸附仪(N₂-sorption)

催化剂比表面积、孔径和孔体积在 Quantachrome NOVA-2000e 物理吸附仪上进行。在液氮温度 77 K 下利用氮气吸附—脱附测试。测试前样品于 200 ℃脱气预处理 2 h 以上。样品比表面积采用 BET 方法计算,孔径采用等温线的吸附分支 BJH 方法计算。

2.3.3　化学吸附仪（H₂-TPR）

多相催化过程是通过基元步骤的循环将反应物分子转化为反应产物。催化循环包括扩散、化学吸附、表面反应、脱附和反向扩散五个步骤。由此可见，化学吸附是多相催化过程中的一个重要环节。而且，反应物分子在催化剂表面上的吸附，决定着反应物分子被活化的过程以及催化过程的性质，例如活性和选择性。因此，研究反应物分子或探针分子在催化剂表面上的吸附，对于阐明反应物分子与催化剂表面相互作用的性质、催化作用的原理以及催化反应的机理具有十分重要的意义。化学吸附是一种界面现象，它与催化、腐蚀、黏结等有着密切的关系，对它的研究具有重要的科学和实用价值。

本书中的样品测试在美国康塔 Quantachrome CHEMBET 3000 化学吸附仪上进行。仪器条件：桥流 140 mA，衰减为 16，气体流速 20 mL/min。测试过程：取 50 mg 样品在 200 ℃下以高纯 He 载气吹扫脱气 2 h，切换为 H₂ 含量为10% 的 H₂/Ar 混合气，以 10 ℃/min 的升温速率程序升温到测定终温。氢气消耗量变化曲线通过 CHEMBET 3000 所配带的热导池检测器（TCD）检测获得。

2.3.4　扫描电镜（SEM）

1935 年 Knoll 提出 SEM 的原理，1942 年制成第一台扫描电镜，现代的 SEM 是 Oatley 和他的学生从 1948 年到 1965 年在剑桥大学的研究成果，第一台商品 SEM 是 1965 年由英国的剑桥仪器公司生产。

在 SEM 中，用来成像的信号主要是二次电子，其次是背散射电子和吸收电子。用来分析成分的信号主要是 X 射线和俄歇电子。二次电子像形成衬度原理：① 形貌衬度，二次电子产额随着入射角的增大而增多，进而形成衬度；② 原子序数 Z 差异造成的衬度，当 Z>20 时，二次电子产额与 Z 无明显变化，只有轻元素和较轻元素二次电子产额与组成成分有明显变化；③ 电压造成的衬度，对于导体，正电位区发射二次电子少，在图像上显得黑，负电位区发射二次电子多，在图像上显得亮，形成衬度。背散射电子像形成衬度原理：背散射电子像主要决定于原子序数和表面的凸凹不平。背散射电子走直线，故它的电子像有明显的阴影，背散射电子像较二次电子像更富有立体感，单阴影部分的细节由于太暗看不清。

本书中采用 Shimadzu SS-550 型扫描电子显微镜进行表面形貌分析。样品的制备：粉末样品用导电胶粘到观察台上，然后在一定真空度下，60～80 mA 电流喷金 60 s，用其观测样品的形貌。

2.3.5　透射电镜(TEM)

取少量待测催化剂样品用玛瑙研钵充分研细加入到无水乙醇溶剂中,超声分散样品 30 min,用滴管取少量含有样品的上层分散液滴到覆有碳膜的铜网上,待晾干后,在 Philips T20ST 电子显微镜下观察样品的形貌、粒度及结晶性,仪器工作电压为 200 kV。

2.3.6　傅立叶变换红外光谱(FT-IR)

红外辐射现象是 W. Herschel 于 1800 年发现的。1935 年制造出了第一台盐酸棱镜和热电偶检测器的红外分光光度计。此后,红外光谱在化合物结构确定上发挥了非常重要的作用。红外光只能激发分子内振动和转动能级的跃迁,是振动光谱的重要部分。习惯上,按波长分为三个区域:近红外区(0.78～2.5 μm)、中红外区(2.5～25 μm)、远红外区(25～1 000 μm)。其中最常用的是中红外区,绝大多数有机化合物和许多无机化合物的化学键振动的跃迁出现在此区域。另外,金属有机化合物中金属有机键的振动、许多无机物键的振动、晶架振动以及分子的纯转动光谱均出现在远红外区,因此该区域在纳米材料的结构分析中显得非常重要[3]。

傅立叶变换红外光谱仪的特点是同时测定所有频率的信息,得到光强随时间变化的谱图,然后经傅立叶变换获得吸收强度(或透过率)随波数的变化关系。这种红外光谱仪采用了不同于传统色散元件的光路设计,不仅可以大大缩短扫描时间,同时也提高了测量的灵敏度和测定的频率范围,分辨率和波数精度也有大幅度的提高。

本实验所用的为 Brucker VECTOR 22 红外光谱仪,KBr 压片,波数精度 <0.01 cm^{-1},信噪比 3 000∶1,在 400～4 000 cm^{-1} 范围内扫描,扫描累计100 次。

2.3.7　热重—差热分析(TG-DTA)

热重法(Thermal Gravity,TG)是在程序升温下,测量物质的质量与温度关系的技术,使用的仪器为热重分析仪,又称热天平。它是测定在温度变化时由于物质发生某种热效应如化合、分解、失水、氧化还原等而引起质量的增加或减少,从而研究物质的物理化学过程。测定时将样品放置于天平臂上的坩埚内,升温过程中发生质量变化,天平失去平衡,由光电位移传感器及时检测出失去平衡信息,测重系统自动改变平衡线圈中的平衡电流,使天平恢复平衡,平衡线圈中的电流改变量正比于样品质量变化量,记录器将记录不同温度的电流变化即得到热重曲线。

差热分析(Differential Thermal Analysis,DTA)是在程序升温下,测量物质(样品)与参比物的温度差与温度关系的技术。参比物在受热过程中不发生热效应,样品与参比物同时置于加热炉中,以相同的条件升温或降温,当样品发生相变、分解、化合、升华、失水、熔化等热效应时,样品与参比物之间就产生差热,利用差热电偶可以测量出反映该温差的差热电势,并经过微伏直流放大器放大后输入记录器即可得到差热曲线。

称取所制备的催化剂样品 8～10 mg 为待测样品,在室温～1 000 ℃的范围内用 Rigaku Standard Model 热分析仪测试其质量和热函变化。测试条件:空气氛围,升温速率 10 ℃/min,气体流速 90 mL/min,α-Al$_2$O$_3$ 作参比物。

2.3.8　电感耦合等离子体原子发射光谱(ICP-AES)

样品组成由 ICP-AES 测定,仪器型号为美国 T. J. A. 公司生产的 ICP-9000(N+M)型电感耦合等离子发射光谱仪。样品用浓硝酸(部分含 SiO$_2$ 的样品用氢氟酸)溶解,定容,测定。

2.3.9　X-射线光电子能谱(XPS)

X 光电子能谱是利用 X 射线激发光电子,根据测定电子的结合能来进行表面化学分析的一种技术。当能量足够的光束射于待测样品时,电子吸收光子的能量($h\nu$),克服原子核的束缚和其他电子的作用,消耗一部分能量到达样品表面的费米能级,消耗的这部分能量称为该电子的结合能(E_b),该电子要继续前进,还必须克服整个样品晶格和源缝之间的接触电势差对它的吸引力所做的功 w(对同一样品和仪器可视为常数)。根据能量守恒有 $E_b - h\nu = E_k - w$,E_k 是光电子通过源缝时具有的动能。

电子结合能 E_b 与原子的化学环境有关,当元素的价态变化或该原子与电负性不同的原子结合时,都会引起原子外层价电子密度发生变化,从而影响原子内层电子的结合能,反映在谱图上就是结合能发生位移。一般氧化态每变化一价,结合能位移约有 1 eV,因此通过测定电子结合能可以获得催化剂表面氧化态的信息,这在研究催化剂中有十分重要的作用。

本书 XPS 实验在 Perkin-Elmer PHI-5600 型 X 射线光电子能谱仪上进行。Mg Kα 射线为激发光源(能量为 1 253.6 eV),用 C1s 结合能(284.6 eV)作荷电校正,加速电压 187.5 eV,功率 250.0 W,分析面积 0.8 m^2,在低于 1.1×10^{-7} Pa真空度下记录谱图。

2.4　催化剂催化 CO 低温氧化性能评价

　　本书先后考察了所制备的系列催化剂催化 CO 低温氧化的催化活性及稳定性,催化性能评价均在固定床连续流动微分反应器中进行。下面将分别介绍具体的实验装置、条件和步骤。

2.4.1　微反—色谱装置

　　该套装置主要包括微型反应器、气相色谱仪、色谱数据工作站、空压机、氢气发生器以及 CO 钢瓶等部分。图 2-1 和图 2-2 分别显示了该套装置的实验外观图和装置流程图。

图 2-1　CO 低温氧化催化反应装置外观图

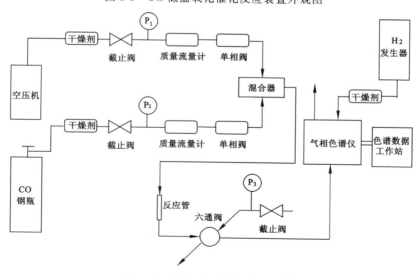

图 2-2　CO 氧化实验装置流程图

2.4.2　气相色谱条件

色谱柱为 2 m×φ3 mm 的 TDX01 碳分子筛不锈钢柱,柱温采用一阶程序升温,初温 90 ℃,起始时间 3 min,升温速率 30 ℃/min,终温 150 ℃,保持时间 3 min,用硅胶、分子筛净化过的氢气为载气,检测器为热导池(TCD)。

2.4.3　催化活性评价步骤

催化剂的装填:在反应器恒温区的下沿装垫一层石英棉,加入 1 cm 厚度的石英砂,轻轻敲打使其平整。将 200 mg 的催化剂置入反应器中,轻敲反应器,使催化剂表面平整、厚度均匀。

催化剂的预处理:所有的催化剂评价均在活性测试进行前,在室温状态下吹扫 30 min 以除去反应器中的空气。

反应:自反应开始连续进料。反应在具体的反应温度经过 30 min 的稳定期后,通过六通阀将产物导入色谱在线分析。改变温度条件时,反应温度升至所需温度 30 min 后采样分析。

第 3 章　介孔 CuO/Ce$_x$Zr$_{1-x}$O$_2$ 的制备、表征和催化性能研究

近年来,含 CeO$_2$ 和 ZrO$_2$ 的材料由于在催化剂[1,2]、陶瓷材料[3]、燃料电池技术[4]、气敏材料[5]、固态电极[6]、色谱分析材料[7]、陶瓷生物材料[8]、化妆品[9]等各个领域的广泛应用而受到关注。其中 CeO$_2$ 基复合氧化物主要是用作汽车尾气三效催化剂的助催化剂。而这些铈基材料主要是掺杂的 CeO$_2$-ZrO$_2$ 材料。但是 CeO$_2$-ZrO$_2$ 复合氧化物(固溶体)的性能受到制备条件、Ce/Zr 原子比、结构、添加负载物等多种因素的影响。为了赋予 CeO$_2$-ZrO$_2$ 复合氧化物更理想的性能,研究者们做了大量的工作。

首先在铈锆复合氧化物的制备方法方面的研究开展的非常广泛,这些制备方法主要包括有固态合成法[10]、高能球磨法[11]、共沉淀法[12,13]、溶胶—凝胶法[14]、表面活性剂模板法[15]、水热合成法[16]、溶液燃烧法[17]、化学削锉法、喷雾水解法[18]和微乳液法[19]等。除了上述的制备方法外,还有其他方法用于制备铈锆复合氧化物材料。Kim 等[20]采用超临界合成方法制备了 Ce$_x$Zr$_{1-x}$O$_2$ ($x=1,0.65,0.5,0.2,0$)复合氧化物。该方法能制得高结晶的纳米颗粒,与传统的共沉淀法相比,具有高的热稳定性和较好的氧储存能力。冯长根等[21]采用改进的高分子凝胶法在较低温度下合成了铈锆复合氧化物,分析表明这种方法对合成亚稳相的复合氧化物是独特而有效的,粒度分布在 10～20 nm。翟彦青等[22]采用超临界干燥法制备了铈锆复合氧化物固溶体。

其次为对铈锆固溶体结构的研究:CeO$_2$-ZrO$_2$ 复合氧化物的相图已经被很多研究人员所研究,但是其精确的相图仍然存在争议[23,24]。在低于 1 273 K 时,CeO$_2$ 摩尔含量小于 10% 的复合氧化物为单斜相,而 CeO$_2$ 摩尔含量大于 80% 的复合氧化物为立方相。在中间区域,有稳定的或是介稳的四方相存在。根据 Yashima 等[25]的报道可将四方相分为稳定的四方相 t 和介稳态的 t′,t″相。t″是 t′和 c 的中间相,由于其 XRD 谱图形式归属为立方的 Fm3m 空间群,t″经常被以立方相提到。t′和 t″相之间的界限很难确定,因为它受包括粒径在内的很多因素的影响[26]。Colon 等[27]发现,当超过某一临界颗粒大小(< 20 nm)时,t″相亚稳的 Ce$_x$Zr$_{1-x}$O$_2$ ($x=0.50,0.68$)分离成稳定的 t-Ce$_{0.2}$Zr$_{0.8}$O$_2$ 和 c-Ce$_{0.8}$Zr$_{0.2}$O$_2$ 的产物。

最后为对铈锆固溶体在应用方面的研究：CeO_2-ZrO_2 复合氧化物的氧化还原性能从 20 世纪 90 年代开始报道以来就吸引了研究者的眼球[28]。由于 Zr^{4+} 的半径（0.84Å）比 Ce^{4+} 的半径（0.97Å）小些，因此当 Zr 嵌入 CeO_2 晶格中形成 CeO_2-ZrO_2 固溶体时，CeO_2 的晶格常数变小，形成更多的缺陷和晶格应力，从而增强了其体相氧的移动并使其储氧性能提高，而来自于体相储氧性能不会受到比表面积的影响[29]。

综上所述，近年来针对铈锆固溶体的研究工作开展的非常广泛。但是，到目前为止使用已被研究的所有制备方法均不能获得具有均匀介孔结构、高比表面积的铈锆固溶体。并且，以其为载体的催化剂研究工作多集中在负载贵金属催化剂上。本章工作中，采用阳离子型表面活性剂 CTAB 为结构导向剂，分别采用一步法和两步法制备出具有介孔结构的高比表面积 $Ce_xZr_{1-x}O_2$ 及其负载 CuO 纳米催化剂，并将其应用到催化 CO 低温氧化中。同时，对比考察了制备方法及不同铈锆比例对该催化剂性能的影响。

3.1 一步法制备介孔 $CuO/Ce_{0.8}Zr_{0.2}O_2$ 催化剂的研究

文献报道[30]：在所有不同比例的铈锆固溶体中，$Ce_{0.8}Zr_{0.2}O_2$ 结构最为稳定且对该比例铈锆固溶体的研究开展的很广泛；但是到目前为止很少有针对具有介孔结构的 $Ce_{0.8}Zr_{0.2}O_2$ 固溶体的制备和应用方面的研究。Wang[30] 等人采用柠檬酸盐分解的方法制备出 $CuO/Ce_{0.8}Zr_{0.2}O_2$ 催化剂并将其应用到催化 CO 低温氧化中，但其催化活性仍相对较低（原料气体中 CO 完全氧化的温度为 180 ℃）。本部分工作中，我们采用一种简便的方法，在阳离子表面活性剂 CTAB 辅助作用下一步法直接制备出介孔 $CuO/Ce_{0.8}Zr_{0.2}O_2$ 纳米催化剂并对其进行表征分析，同时考察了其催化 CO 低温氧化的催化性能。

3.1.1 催化剂的制备

采用表面活性剂十六烷基三甲基溴化胺 CTAB 为结构导向剂，一步法制备出介孔 $CuO/Ce_{0.8}Zr_{0.2}O_2$ 纳米催化剂。具体制备过程如下：室温下，将 6 mmol CTAB 溶解到 200 mL 去离子水中并超声分散 15 min，剧烈搅拌下加入 8 mmol $Ce(NO_3)_3 \cdot 6H_2O$，2 mmol $Zr(NO_3)_4 \cdot 5H_2O$ 和计算量的 $Cu(NO_3)_2 \cdot 3H_2O$。继续搅拌半小时后，缓慢加入 0.2 M 的 NaOH 水溶液直到 pH 值达到 10，继续搅拌 12 h。所得到的悬浊液在 90 ℃ 老化 3 h，热水洗涤、110 ℃ 烘干 6 h，研磨、400 ℃ 焙烧 4 h，制备出不同 CuO 含量的 $CuO/Ce_{0.8}Zr_{0.2}O_2$ 催化剂，标示为 CeZrCu0、CeZrCu5、CeZrCu10、CeZrCu15、CeZrCu20、CeZrCu25、CeZrCu30 和

CeZrCu40。为了研究焙烧温度对催化剂催化性能的影响,采用同样的制备方法制备了不同温度焙烧的 CeZrCu25 催化剂。

3.1.2　一步法制备介孔 $CuO/Ce_{0.8}Zr_{0.2}O_2$ 催化剂的表征

图 3-1 所示为 400 ℃焙烧的不同 CuO 摩尔百分含量的 $CuO/Ce_{0.8}Zr_{0.2}O_2$ 催化剂的 XRD 谱图。从图 3-1 可以看出,2θ 值为 28.8°,33.3°,47.9°和 56.8°处的衍射峰为立方萤石晶相的 CeO_2 特征峰与 CeO_2 的衍射卡片 JCPDS(81-0792)相一致,没有 ZrO_2 的特征峰出现,说明 Zr 离子已经进入 CeO_2 的晶格中形成了单一立方萤石晶相 $Ce_{0.8}Zr_{0.2}O_2$ 固溶体[30]。从图 3-1 还可以看出:当 CuO 摩尔百分含量低于 30%时,XRD 谱图中没有 CuO 特征峰出现,这可能是因为 CuO 纳米颗粒高分散在载体表面,并且其颗粒极小以致于传统的 X-射线衍射方法无法检测到其存在或者是因为 Cu^{2+} 进入载体晶格中。当 CuO 摩尔百分含量大于 40%时,在 2θ 为 35.5°和 38.7°处检测到弱的 CuO 的特征衍射峰,表明随着 CuO 含量的增加表面 CuO 发生团聚,采用 Scherrer 公式根据 CuO (111) 晶面计算的 400 ℃焙烧的 CeZrCu40 催化剂中 CuO 的平均粒径为 8.8 nm。

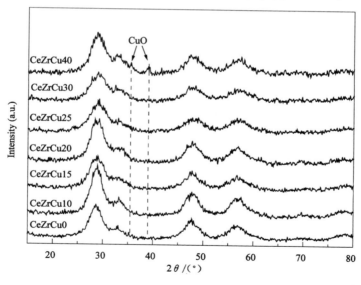

图 3-1　400 ℃焙烧的不同 CuO 摩尔百分含量的
$CuO/Ce_{0.8}Zr_{0.2}O_2$ 催化剂 XRD 谱图

图 3-2 显示的是不同焙烧温度下制备的 CuO 摩尔百分含量 25% 的 $CuO/Ce_{0.8}Zr_{0.2}O_2$ 催化剂(CeZrCu25)的 XRD 谱图。通过图 3-2 可以看出:随着焙烧

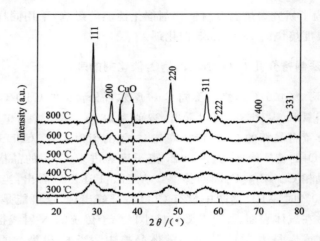

图 3-2　不同焙烧温度的 CeZrCu25 催化剂的 XRD 谱图

温度从 300 ℃升至 800 ℃,载体 $Ce_{0.8}Zr_{0.2}O_2$ 特征衍射峰强度和峰宽发生明显变化,表明热处理导致载体结晶度增强、粒子变大。当焙烧温度高于 600 ℃时,在 2θ 为 35.5°和 38.7°处检测到 CuO 的特征衍射峰,并且当焙烧温度升至 800 ℃时 CuO 特征峰变得更尖锐,这表明高温焙烧导致载体表面 CuO 纳米颗粒烧结团聚而形成大颗粒。根据 Scherrer 公式计算的 $Ce_{0.8}Zr_{0.2}O_2$ 载体和 CuO 晶粒大小列在表 3-1 中。

表 3-1　$Ce_{0.8}Zr_{0.2}O_2$ 固溶体和 $CuO/Ce_{0.8}Zr_{0.2}O_2$ 催化剂中 CuO 晶粒大小
及其催化 CO 低温氧化活性(CO 转化所对应的反应温度)

催化剂	焙烧温度/℃	$Ce_{0.8}Zr_{0.2}O_2$粒径/nm	CuO 粒径/nm	CO 转化率(T/℃)
CeZrCu0	400	2.8	—	28.98%(260/℃)
CeZrCu10	400	2.9	—	100%(130/℃)
CeZrCu15	400	2.3	—	100%(105/℃)
CeZrCu20	400	2.6	—	100%(100/℃)
CeZrCu25	400	2.3	—	100%(90/℃)
CeZrCu30	400	2.2	—	100%(130/℃)
CeZrCu40	400	2.6	8.8	100%(130/℃)
CeZrCu25	300	2.3	—	100%(100/℃)
CeZrCu25	500	3.1	—	100%(95/℃)
CeZrCu25	600	4.3	14.7	100%(125/℃)
CeZrCu25	800	17.9	28.9	57.57%(220/℃)

　　图 3-3 所示为 CeZrCu25 催化剂前驱体的热重—差热分析曲线,样品总失重为 22.9 wt.％。从图 3-3 中可以看出:CeZrCu25 催化剂前驱体的失重分为两步:第一步为 75～175 ℃,第二步为 175～400 ℃。第一步:在 DTA 曲线上,75～175 ℃之间有一个较明显的吸热峰,与其相对应的是在 TG 曲线上这个温度区间里有一个明显的失重过程,这一阶段的失重归属为物理或者化学吸附在纳米粒子之间和纳米孔道内部的水的脱附。第二步:从 TG 曲线可以看出,在 175～400 ℃范围内的失重是整个失重的主要部分,与其相对应在 DTA 曲线上在 219 ℃处有一个很强的放热峰以及 255 ℃附近的一个肩峰,这一部分的失重可以归属为表面活性剂的分解和 C 物种的燃烧。整个失重过程中没有晶相的转变。400 ℃以后,样品不再失重,表明该催化剂样品 400 ℃在空气中焙烧能完全脱除其中的表面活性剂。由于高温处理会导致样品比表面的下降和晶粒尺寸的增大,而这些将对催化剂的活性造成明显影响。所以,通过对 TG-DTA 曲线的分析认为:对于 CuO/Ce$_{0.8}$Zr$_{0.2}$O$_2$ 催化剂体系来说,400 ℃是最为适宜的焙烧温度。

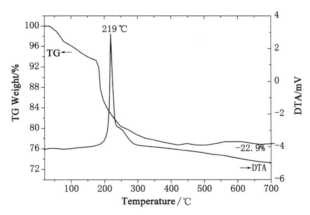

图 3-3　CeZrCu25 催化剂前驱体的热重—差热分析

　　图 3-4 和图 3-5 所示为具有不同 CuO 含量的 CuO/Ce$_{0.8}$Zr$_{0.2}$O$_2$ 催化剂和在不同温度下焙烧的 CeZrCu25 催化剂的吸附—脱附等温线及其对应的孔分布曲线。所制备的催化剂的结构参数列在表 3-2 中。

　　从图 3-4 和图 3-5 可以看出:所制备的样品的吸附—脱附等温线都是 Ⅳ 型等温线,表明所制备的催化剂都具有介孔结构。滞后环为标准的 H2 型,表明所制备的介孔催化剂为由表面活性剂自组装纳米粒子所组成的孔径大小均一的典型的蠕虫状的介孔材料[31,32]。在 p/p_0 为 0.2～0.4 范围内,所制备的催化剂的吸附等温线有一个明显的增长。

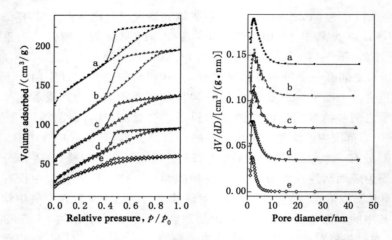

图 3-4　具有不同 CuO 含量的 CuO/Ce$_{0.8}$Zr$_{0.2}$O$_2$ 催化剂的
（左）吸附—脱附等温线和（右）孔分布曲线

a——CeZrCu0；b——CeZrCu10；c——CeZrCu20；d——CeZrCu25；e——CeZrCu30

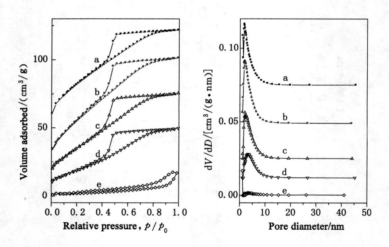

图 3-5　不同温度焙烧的 CeZrCu25 催化剂的（左）吸附—脱附等温线和（右）孔分布曲线

a——300 ℃；b——400 ℃；c——500 ℃；d——600 ℃；e——800 ℃

　　从图 3-4 即不同 CuO 含量的 CuO/Ce$_{0.8}$Zr$_{0.2}$O$_2$ 催化剂的孔径分布曲线可以看出，采用 BJH 法由等温线吸附分支计算出来的所有样品的孔径集中在 1.8～2.6 nm，表明所制备的样品孔径分布的均一性。随着 CuO 含量从 0 到 40 mol%的增加，催化剂的比表面积从 239 m^2/g 到 127 m^2/g 逐次降低，伴随着其孔容和孔径的减小，这可能是因为 Ce$_{0.8}$Zr$_{0.2}$O$_2$ 载体表面 CuO 纳米颗粒的团聚。

表 3-2　　**Ce$_{0.8}$Zr$_{0.2}$O$_2$ 载体和 CuO/Ce$_{0.8}$Zr$_{0.2}$O$_2$ 催化剂的结构参数**

催化剂	焙烧温度/℃	比表面积/(m²/g)	孔容/(cm³/g)	最可几孔径(D_{BJH-ad})/nm	平均孔径/nm
CeZrCu0	400	239	0.215	2.6	3.6
CeZrCu10	400	226	0.226	2.5	4.0
CeZrCu15	400	191	0.148	2.3	3.1
CeZrCu20	400	190	0.174	2.2	3.7
CeZrCu25	400	183	0.149	2.0	3.3
CeZrCu30	400	138	0.095	1.8	2.8
CeZrCu40	400	127	0.104	1.9	3.3
CeZrCu25	300	157	0.127	1.8	3.2
CeZrCu25	500	131	0.117	2.5	3.6
CeZrCu25	600	70	0.077	3.4	4.4
CeZrCu25	800	7	0.026	3.5	14.5

从图 3-5 可以看出,不同温度焙烧的 CeZrCu25 催化剂的孔径分布和图 3-4 中类似,范围较窄并且随着焙烧温度的升高其孔径变大。随着焙烧温度从 300 ℃升至 600 ℃,CeZrCu25 催化剂的平均孔径从 3.2 nm 增大至 4.4 nm,比表面积从 183 m²/g 降至 70 m²/g。600 ℃焙烧 4 h 的 CeZrCu25 催化剂比表面积仍高达 70 m²/g,表明采用表面活性剂 CTAB 辅助合成的具有介孔结构的 CuO/Ce$_{0.8}$Zr$_{0.2}$O$_2$ 纳米催化剂具有高热稳定性。800 ℃焙烧 CuO/Ce$_{0.8}$Zr$_{0.2}$O$_2$ 催化剂导致其孔结构的坍塌,最终其比表面积仅为 7 m²/g。

为了进一步研究所制备样品的微观结构和验证其多孔结构的存在,对所制备的 Ce$_{0.8}$Zr$_{0.2}$O$_2$(CeZrCu0)载体和 CuO 含量为 25% 的 CuO/Ce$_{0.8}$Zr$_{0.2}$O$_2$（CeZrCu25）催化剂进行了透射电镜表征,结果如图 3-6 所示。从图中可以清晰地看出:Ce$_{0.8}$Zr$_{0.2}$O$_2$ 载体和 CuO/Ce$_{0.8}$Zr$_{0.2}$O$_2$ 催化剂均具有由大小均一的纳米粒子自组装形成的不规则的蠕虫状介孔结构。由纳米粒子自组装形成的介孔不规则的相互连接,缺乏长程有序性,和由氮气吸附—脱附等温线得出的结论一致。在 CeZrCu0 载体和 CeZrCu25 催化剂中,纳米粒子形状规整、粒径大小约为 3 nm,这和采用 Scherrer 公式计算的晶粒尺寸大小一致。

为了确定介孔 Ce$_{0.8}$Zr$_{0.2}$O$_2$ 载体表面铜物种的存在状态,我们对所制备的

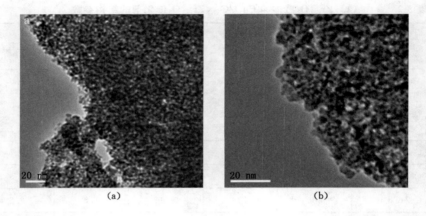

图 3-6　400 ℃焙烧的介孔(a) CeZrCu0 载体和(b) CeZrCu25 催化剂的 TEM 照片

CuO/Ce$_{0.8}$Zr$_{0.2}$O$_2$催化剂进行了 H$_2$-TPR 分析。图 3-7 显示的为 400 ℃焙烧的 Ce$_{0.8}$Zr$_{0.2}$O$_2$载体和 CuO/Ce$_{0.8}$Zr$_{0.2}$O$_2$(CeZrCu25)催化剂的 H$_2$-TPR 分析曲线。为了进行对比,对纯态 CuO 粉末的 H$_2$-TPR 还原曲线也进行了测试。纯态载体 Ce$_{0.8}$Zr$_{0.2}$O$_2$的还原曲线在 470 和 550 ℃出现两个还原峰,归属于载体表面和体相氧的还原。CuO 仅在 373 ℃有一个还原峰,这和文献报道的结果相一致[33]。而 CuO/Ce$_{0.8}$Zr$_{0.2}$O$_2$催化剂在 186 和 223 ℃有两个强的还原峰(α 和 β),同时在 580 ℃有一个弱的还原峰。已有很多课题组报道当 CuO 负载在萤石晶系的金属氧化物载体上时,在其还原曲线上 CuO 出现两个远低于纯态 CuO 的还原峰[34],我们所制备的催化剂样品的测试结果出现和文献报道类似的结果。这可能是由于活性组分 CuO 和载体 Ce$_{0.8}$Zr$_{0.2}$O$_2$之间的强相互作用,载体促进了

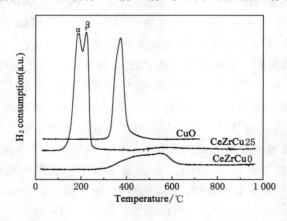

图 3-7　400 ℃焙烧的 CuO、CeZrCu0 和 CeZrCu25 催化剂的 H$_2$-TPR 谱图

CuO 的还原。较低还原温度的 α 峰归属于与载体 Ce$_{0.8}$Zr$_{0.2}$O$_2$ 强相互作用且高分散在载体上的 CuO 物种的还原，这种存在状态的 CuO 被认为是为催化 CO 低温氧化反应提供了活性位。因为在 XRD 分析中没有检测到 CuO 的特征峰，并且 Cu^{2+} 可能取代了 Ce$_{0.8}$Zr$_{0.2}$O$_2$ 固溶体中的 Ce^{4+}，我们认为较高还原温度的 β 峰归属于 Ce$_{0.8}$Zr$_{0.2}$O$_2$ 载体晶格中 Cu^{2+} 的还原。大约 580 ℃ 处的弱还原峰归属为表面 Ce^{4+} 的还原[33]。

为了详细研究催化剂的表面组成和表面阳离子和阴离子的化学状态，对 CeZrCu25 催化剂进行了 XPS 表征分析。从图 3-8 全谱图可看出：催化剂表面包含 Ce、Zr、Cu、O 和 C 元素，C 元素的出现可能是因为表面活性剂 CTAB 分解后积炭或表面吸附的有机污染物的存在。

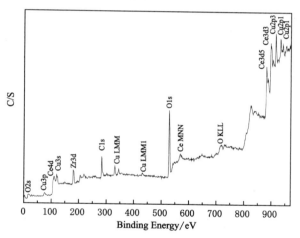

图 3-8 400 ℃ 焙烧的 CeZrCu25 催化剂的 XPS 全谱图

图 3-9 显示了 400 ℃ 焙烧的 CeZrCu25 催化剂的 Cu 2p，Ce 3d，Zr 3d 和 O 1s 的精细 XPS 谱。图 3-9(a) 为 Cu 2p 的精细 XPS 谱，在图 3-9(a) 中结合能为 952.5 eV 处的峰对应 Cu 2p$_{1/2}$，结合能为 932.5 eV 处并伴随 933.8 eV 处肩峰的峰对应 Cu 2p$_{3/2}$。文献报道[35]，在结合能大约 939～944 eV 处出现震激峰和高的 Cu 2p$_{3/2}$ 结合能（933.0～933.8 eV）是用于表征 CuO 存在的两个主要的 XPS 峰；而低的 Cu 2p$_{3/2}$ 结合能（932.2～933.1 eV）和不出现震激峰则表示还原态铜物种的出现。在我们所制备的催化剂的 XPS 谱图中出现高的结合能（约 933.8 eV）和震激峰（938～942 eV），这表明在我们制备的 CeZrCu25 催化剂中存在 Cu^{2+} 物种。同时，低的 Cu 2p$_{3/2}$ 结合能（约 932.5 eV）的出现也表明在 CeZrCu25 催化剂中存在还原态的铜物种。但是，缺乏足够的证据去区分 Cu$_2$O

和 Cu^0，因为这两者的 Cu $2p_{3/2}$ 的结合能和峰形从本质上是一样的。还原态铜物种的出现可能是因为 CuO 和具有纳米尺寸的高比表面 Ce-Zr-O 载体之间的强相互作用或者 Cu^{2+} 在进行 XPS 测试的过程中被还原。

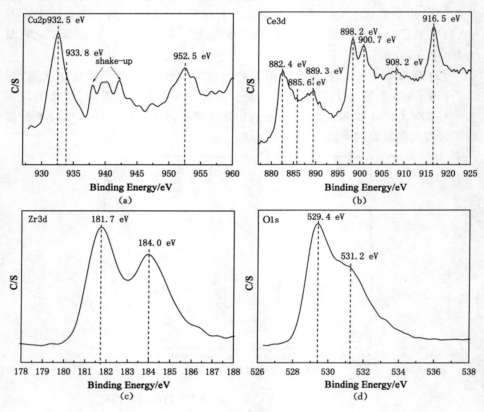

图 3-9　400 ℃焙烧的 CeZrCu25 催化剂的 XPS 谱图

图 3-9(b)为 Ce 3d 的精细 XPS 谱，根据报道[36]，Ce 3d 的 XPS 谱图可以分解成八个峰：在 900.2～900.6 eV 和 881.7～882.0 eV 的谱带出现的分别是 Ce $3d_{3/2}$ 和 Ce $3d_{5/2}$ 的特征峰，884.7～885.0 eV，888.2～888.5 eV 和 897.5～897.8 eV 谱带出现的是 Ce $3d_{5/2}$ 的卫星峰，而在 903.2～903.5 eV，906.6～906.9 eV 和 915.9～916.1 eV 谱带出现的是 Ce $3d_{3/2}$ 的卫星峰。其中 903.2～903.5 eV 和 884.7～885.0 eV 谱带对应于 Ce^{3+} 的 $3d^{10}4f^1$ 电子组态，915.9～916.1 eV 和 897.5～897.8 eV 谱带对应于 Ce^{4+} 的 $3d^{10}4f^0$ 电子组态。在本研究中，Ce 3d 在结合能为 882.4、889.3、898.2、900.7、908.2 和 916.5 eV 处出现五个峰，与文献报道的 Ce^{4+} 相符，表明样品中 Ce 主要为 +4 价。其中，

885.6 eV 处的一个强度较弱的峰说明在催化剂表面存在 Ce^{3+}。

图 3-9(c)对应 Zr 3d 的精细 XPS 谱，Zr 3d 结合能在 181.7 eV 和 184.0 eV 处各出现一个峰，Zr 3d$_{5/2}$ 和 Zr 3d$_{3/2}$ 处的两个峰的差值为 2.3 eV，这和文献报道数值相一致，说明锆原子在催化剂中以 +4 价存在。

图 3-9(d)为 O 1s 的精细 XPS 谱，从图 3-9(d)可以看出 O 1s 在结合能为 531.2 eV 和 529.4 eV 处各有一个峰，这表明了两种不同氧物种的存在。其中结合能为 529.4 eV 处的峰归属为催化剂晶格氧，但是利用 XPS 分析不可能严格区分与 Ce 配位的氧和与 Zr 配位的氧。而在结合能为 531.2 eV 处一峰的出现，表明在催化剂表面存在表面吸附氧物种。

根据 XPS 测试结果，对 CeZrCu25 催化剂表面组成进行了计算。结果显示：催化剂表面的 Cu、Ce 和 Zr 的原子百分含量分别为 6.68%、15.77% 和 5.75%。表面 Cu、Ce 和 Zr 的原子比 Cu/(Cu+Ce+Zr) 为 0.237，这和实验合成过程中的理论计算值基本一致。

3.1.3　一步法制备介孔 CuO/Ce$_{0.8}$Zr$_{0.2}$O$_2$ 催化剂 CO 氧化性能研究

在对所制备的催化剂进行结构表征后，将其应用到催化 CO 低温氧化中去以考察其催化性能。图 3-10 和图 3-11 给出了 CuO/Ce$_{0.8}$Zr$_{0.2}$O$_2$ 催化剂催化 CO 低温氧化的 CO 转化率随反应温度变化的曲线。结果显示：所有 CuO/Ce$_{0.8}$Zr$_{0.2}$O$_2$ 催化剂的催化活性都随着在催化剂所在床层测出的反应温度的升高而提高。CO 100% 转化的温度和在所测试的反应条件下 CO 不能达到 100% 转化的 CO 的最高转化率均列在表 3-1 中。

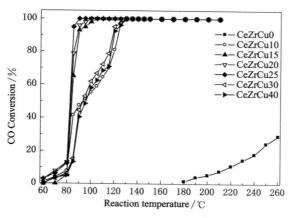

图 3-10　不同 CuO 百分含量的 CuO/Ce$_{0.8}$Zr$_{0.2}$O$_2$ 催化剂催化 CO 低温氧化的催化性能

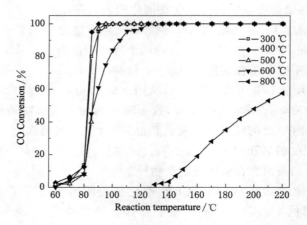

图 3-11　不同温度焙烧的 CeZrCu25 催化剂催化 CO 低温氧化的催化性能

图 3-10 所示为不同 CuO 含量的 $CuO/Ce_{0.8}Zr_{0.2}O_2$($CeZrCux$)催化剂催化 CO 氧化的 CO 转化率随反应温度变化的曲线。同时，为了进行对比我们也测试了纯的 $Ce_{0.8}Zr_{0.2}O_2$ 载体的催化活性，结果也列在图 3-10 中。从图 3-10 可以看出，纯的 $Ce_{0.8}Zr_{0.2}O_2$ 载体的催化活性相当低，纯的 CuO 在所测试的条件下基本没有活性；而所有的 $CuO/Ce_{0.8}Zr_{0.2}O_2$($CeZrCux$)催化剂的催化活性都比纯载体的催化活性高得多。这说明在载体 $Ce_{0.8}Zr_{0.2}O_2$ 和活性组分 CuO 之间存在着强烈的相互作用，而这种强相互作用对该催化剂体系催化 CO 低温氧化具有明显的影响。当 CuO 的含量从 0 到 25 mol% 增加时，$CeZrCux$ 催化剂的催化活性也逐渐提高，CeZrCu25 催化剂具有最高的催化活性。然而，进一步增大 CuO 含量，$CeZrCux$ 催化剂的催化活性却开始降低。Lin 等人[37] 的研究认为对于 CO 氧化反应，只需要少量的 CuO(6%)就能形成高分散态 CuO 活性位点，多余的 CuO 会形成块体 CuO 而对催化活性的贡献微乎其微。Jiang 等人[38] 也认为仅需要少量 CuO(5%)就能形成 CO 氧化催化反应的活性物种——高分散态 CuO，他们认为多余的 CuO 形成了 CuO 晶体覆盖了表面的活性铜物种，减少了其数目，进而降低了催化剂的催化活性。我们的研究也得到了类似的结果，因此认为：高分散在载体上的 CuO 物种对催化活性起到积极的影响；而随着 CuO 含量的增加而导致的 CuO 纳米颗粒的长大和在 $Ce_{0.8}Zr_{0.2}O_2$ 载体表面形成大块的 CuO 都对 $CeZrCux$ 催化剂催化 CO 低温氧化的催化活性有着负面的影响。

图 3-11 所示为不同温度焙烧的 CeZrCu25 催化剂催化 CO 低温氧化的 CO 转化率与反应温度的关系曲线。从图 3-11 可以看出，随着催化剂的焙烧温度由

300 ℃升至 400 ℃,其催化活性逐渐提高,而当焙烧温度从 400 ℃升至 800 ℃时催化活性则降低。这和 TG-DTA 分析所得出的结论相一致。当反应温度在 80 ℃以下时,300 ℃到 600 ℃这一温度区间焙烧的催化剂催化活性相当,继续升高反应温度时 600 ℃焙烧所得催化剂的催化活性明显低于 300 ℃、400 ℃和 500 ℃焙烧的样品。具有 183 m^2/g 的高比表面和 2.3 nm 的纳米尺寸粒子的 400 ℃焙烧的 CeZrCu25 催化剂具有最高的催化活性,能实现 90 ℃时 CO 的完全转化。在所有的催化剂中,800 ℃焙烧的 CeZrCu25 催化剂的催化活性最低,反应温度 220 ℃时仅能实现 CO 55.57% 的转化率。XRD 和氮气吸附—脱附分析结果已经证明,随着预处理温度的升高,催化剂的比表面下降、晶粒尺寸变大。800 ℃焙烧导致催化剂孔结构的坍塌并最终导致其在所有样品中具有最低的 7 m^2/g 的比表面和最大的 17.9 nm 的粒径。因此,从图 3-11 所观察到的不同焙烧温度的催化剂催化 CO 低温氧化活性的差异可能是因为:焙烧温度的升高导致催化剂烧结、比表面降低、载体 Ce$_{0.8}$Zr$_{0.2}$O$_2$ 和活性组分 CuO 粒径变大并最终导致催化活性的降低。通过以上分析得出结论:本研究中所制备的介孔 CeZr-Cu$_x$ 催化剂具有远高于不具有介孔结构的催化剂的催化活性,这和其多孔性有着密不可分的关系,因为介孔结构为催化剂提供了高的表面积和孔容比,并能为 CO 氧化反应提供更多的活性位,而这些在催化 CO 低温氧化中都是不可或缺的。

3.2　负载型 CuO/Ce$_{0.8}$Zr$_{0.2}$O$_2$ 和 CuO/Ce$_x$Zr$_{1-x}$O$_2$ 催化剂的研究

3.2.1　不同方法制备 CuO/Ce$_{0.8}$Zr$_{0.2}$O$_2$ 催化剂的对比研究

众所周知,催化剂的制备方法对其结构、性能均会产生重要的影响。本部分工作中,我们分别采用三种最为常用的方法制备了 Ce$_{0.8}$Zr$_{0.2}$O$_2$ 固溶体:(1) 表面活性剂 CTAB 辅助合成法(缩写为 SA);(2) 溶胶—凝胶法(缩写为 SG);(3) 共沉淀法(缩写为 CP)。最后,以三种不同方法制备的 Ce$_{0.8}$Zr$_{0.2}$O$_2$ 固溶体为载体,采用沉积—沉淀法制备了负载氧化铜的 CuO/Ce$_{0.8}$Zr$_{0.2}$O$_2$ 催化剂并将其应用于催化 CO 低温氧化中。

对所制备的 Ce$_{0.8}$Zr$_{0.2}$O$_2$ 固溶体和 CuO/Ce$_{0.8}$Zr$_{0.2}$O$_2$ 催化剂进行结构表征,并将其应用到催化 CO 低温氧化中进行对比研究,具体对比研究结果如下。

3.2.1.1　Ce$_{0.8}$Zr$_{0.2}$O$_2$ 固溶体和 CuO/Ce$_{0.8}$Zr$_{0.2}$O$_2$ 催化剂的制备

(1) Ce$_{0.8}$Zr$_{0.2}$O$_2$ 固溶体的制备

CTAB 辅助合成法 $Ce_{0.8}Zr_{0.2}O_2$ 固溶体（SA）的制备过程如上节中所述（制备过程中不添加铜物种即可）。

溶胶—凝胶法 $Ce_{0.8}Zr_{0.2}O_2$ 固溶体（SG）的制备：室温下，将 24 mmol $Ce(NO_3)_3 \cdot 6H_2O$ 和 6 mmol $Zr(NO_3)_4 \cdot 5H_2O$ 溶解到 300 mL 去离子水中，剧烈搅拌下缓慢加入 15 mmol 的柠檬酸。搅拌 1 h 后，加热到 90 ℃ 以蒸发掉溶液中的水分至干燥，110 ℃ 烘干 6 h、研磨、400 ℃ 焙烧 4 h。

共沉淀法 $Ce_{0.8}Zr_{0.2}O_2$ 固溶体（CP）的制备：室温并剧烈搅拌下，将 24 mmol $Ce(NO_3)_3 \cdot 6H_2O$ 和 6 mmol 的 $ZrOCl_2 \cdot 8H_2O$ 溶解到去离子水中，向上述溶液中逐滴加入 2 M 的 NH_4OH 至 pH 值达到 9。继续搅拌 12 h，过滤并用去离子水和乙醇洗涤至不能用 0.1 M 的 $AgNO_3$ 水溶液检测出 Cl^-，所得沉淀物在 110 ℃ 焙烧 6 h、研磨、400 ℃ 焙烧 4 h。

（2）负载型 $CuO/Ce_{0.8}Zr_{0.2}O_2$ 催化剂的制备

以三种不同方法所制备的 $Ce_{0.8}Zr_{0.2}O_2$ 为载体，采用沉积—沉淀法在其表面负载 CuO 制备出负载型 $CuO/Ce_{0.8}Zr_{0.2}O_2$ 纳米催化剂，具体制备过程如下：将一定量的 $Cu(NO_3)_2 \cdot 3H_2O$ 溶解到 200 mL 的去离子水中，剧烈搅拌下加入 1 g $Ce_{0.8}Zr_{0.8}O_2$ 载体，继续搅拌一段时间，缓慢加入 0.25 M 的 Na_2CO_3 水溶液至溶液 pH 值为 9.0，继续搅拌 1 h，去离子水过滤，洗涤，80 ℃ 烘干 4 h，400 ℃ 焙烧 3 h，制备出不同 CuO 负载量（两步法制备的样品 CuO 百分含量为质量百分含量）的 $CuO/Ce_{0.8}Zr_{0.2}O_2$ 纳米催化剂。

3.2.1.2 不同方法制备 $CuO/Ce_{0.8}Zr_{0.2}O_2$ 催化剂的表征

图 3-12 所示为不同方法制备的 $Ce_{0.8}Zr_{0.2}O_2$ 固溶体负载 12 wt.% CuO 的催化剂（a）及两步法制备的具有不同 CuO 负载量和介孔结构的 $CuO/Ce_{0.8}Zr_{0.2}O_2$ 催化剂（b）的 XRD 谱图。

从图 3-12(a) 可以看出，三种不同方法制备的催化剂均在 2θ 值为 28.8°，33.3°，47.9° 和 56.8° 处出现与 CeO_2 的衍射卡片（81-0792）相一致的衍射峰，没有 ZrO_2 的特征峰出现，说明 Zr 离子已经进入 CeO_2 的晶格中形成了单一立方萤石晶相 $Ce_{0.8}Zr_{0.2}O_2$ 固溶体。$Ce_{0.8}Zr_{0.2}O_2$ 固溶体的粒径通过 Scherrer 公式计算获得，结果列在表 3-3 中。其中，通过溶胶—凝胶法制备的 $Ce_{0.8}Zr_{0.2}O_2$ 固溶体颗粒最大。在三个样品中均在 2θ 值为 35.5° 和 38.7° 处出现对应于 CuO 的特征衍射峰，且其峰强度明显不同。共沉淀法制备的载体负载 CuO 后，CuO 特征衍射峰的强度最高，这表明在其表面 CuO 颗粒最大。通过对比三个样品的 XRD 谱图，我们认为：SA 法应该是最为适宜的 $Ce_{0.8}Zr_{0.2}O_2$ 固溶体制备方法，因为其能保持载体的高比表面积并能促进活性组分 CuO 在其表面的高分散。

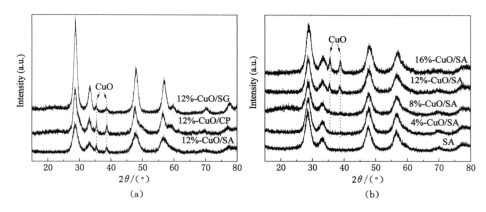

图 3-12　不同方法制备的 CuO/Ce$_{0.8}$Zr$_{0.2}$O$_2$ 催化剂和
不同 CuO 负载量的介孔 CuO/SA 催化剂 XRD 谱图

从 $x\%$-CuO/SA 催化剂的 XRD 谱图[图 3-12(b)]中可以看出：随着 CuO 负载量的增大，在图中出现归属 CuO 的特征衍射峰。当 CuO 含量低于 8% 时，没有出现 CuO 衍射峰，表明此时活性组分高分散在载体的表面而不能通过常规的 XRD 检测到。当 CuO 含量达到 12% 时，能检测到归属于 CuO 的特征衍射峰，表明测试过量的活性组分 CuO 在载体的表面团聚长大为较大的颗粒或者生成 CuO 块体。通过 Scherrer 公式计算的 CuO 的晶粒大小也列在表 3-3 中。

表 3-3　　　　　不同方法制备的 CuO/Ce$_{0.8}$Zr$_{0.2}$O$_2$ 催化剂中
Ce$_{0.8}$Zr$_{0.2}$O$_2$ 和 CuO 晶粒大小及其催化 CO 低温氧化活性

催化剂	Ce$_{0.8}$Zr$_{0.2}$O$_2$粒径/nm	CuO 粒径/nm	CO 转化率(T_{100},℃)
SA	4.6	—	—
CP	5.7	—	—
SG	7.3	—	—
4%-CuO/SA	4.8	—	100 ℃
8%-CuO/SA	5.9	—	95 ℃
12%-CuO/SA	5.0	5.2	80 ℃
16%-CuO/SA	4.7	8.5	85 ℃
12%-CuO/CP	6.1	6.4	115 ℃
12%-CuO/SG	7.7	4.9	95 ℃

图 3-13 和图 3-14 分别给出了不同方法制备的 $Ce_{0.8}Zr_{0.2}O_2$ 固溶体(图 3-13)和不同 CuO 负载量的 $x\%\text{-CuO/SA}$ 催化剂(图 3-14)的氮气吸附—脱附等温线及其对应的孔分布曲线,其结构参数列在表 3-4 中。

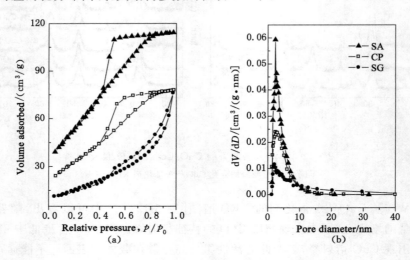

图 3-13   不同方法制备的 $Ce_{0.8}Zr_{0.2}O_2$ 固溶体的
氮气吸附—脱附等温线及其对应的孔分布曲线

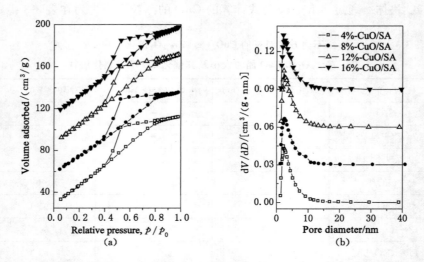

图 3-14   沉积—沉淀法制备的不同 CuO 负载量的 CuO/SA 催化剂的
吸附—脱附等温线及其对应的孔分布曲线

表 3-4　不同方法制备 Ce$_{0.8}$Zr$_{0.2}$O$_2$ 载体和 x%-CuO/SA 催化剂的结构参数

催化剂	比表面积 /(m^2/g)	孔容 /(cm^3/g)	最可几孔径 ($D_{\text{BJH-ads}}$[a])/nm	最可几孔径 (D_{NLDFT}[b])/nm	平均孔径 /nm
SA	201	0.177	2.6	3.7	3.5
CP	119	0.120	2.9	3.6	4.0
SG	59	—	—	—	—
4%-CuO/SA	177	0.173	2.4	4.0	3.9
8%-CuO/SA	163	0.163	2.5	3.9	4.0
12%-CuO/SA	173	0.173	2.6	3.7	4.0
16%-CuO/SA	163	0.167	2.6	3.6	4.1
12%-CuO/CP	109	0.126	2.8	4.1	4.6
12%-CuO/SG	64	—	—	—	—

[a]Calculated by the BJH method. [b]Calculated by the NLDFT method.

从图 3-13 可以看出，所制备的 SA 和 CP 样品的吸附—脱附等温线都是 IV 型等温线，表明所制备的催化剂都具有介孔结构。滞后环为标准的 H2 型，表明所制备的介孔催化剂为由表面活性剂自组装纳米粒子所组成的孔径大小均一的典型的蠕虫状的介孔材料。其中 SA 法制备的 Ce$_{0.8}$Zr$_{0.2}$O$_2$ 固溶体的比表面积明显高于 CP 制备的样品的比表面数值（表 3-4）。通过 BJH 法计算的两者的最可几孔径分别为 2.3 nm 和 2.4 nm。从不同 CuO 负载量 x%-CuO/SA 催化剂的等温线和孔分布谱图中可以看出，随着 CuO 负载量从 4% 到 16% 变化，其孔径分布集中在 2.4～2.6 nm，和 SA 载体的相关数值相对应。这表明负载 CuO 以后，催化剂保持了 SA 载体的多孔结构，随着 CuO 负载量从 4% 到 16% 增大，其比表面积从 201 m^2/g 降低到 163 m^2/g（表 3-4），并伴随孔容和孔径的减小。这可能是由过量的 CuO 在 SA 载体表面团聚导致的。

当介孔材料的孔径较小时，采用 BJH 法对其等温线进行计算以获得其孔分布曲线就并不完全准确，因为该计算方法会低估介孔孔径的大小。采用 NLD-FT 法进行计算则可以在一定程度上解决这个问题。因此，采用 NLDFT 法对 CuO/Ce$_{0.8}$Zr$_{0.2}$O$_2$ 系列催化剂孔径分布进行计算，结果如图 3-15 所示，具体数据列在表 3-4 中。

图 3-16 所示为 12%-CuO/SA 催化剂的透射电镜照片。从图中可以清晰地看出：样品具有由大小均一的纳米粒子自组装形成的不规则的蠕虫状介孔结构。由纳米粒子自组装形成的介孔不规则的相互连接，缺乏长程有序性，和由氮气吸附—脱附等温线得出的结论一致。纳米粒子形状规整且粒径大小约为 5 nm，这

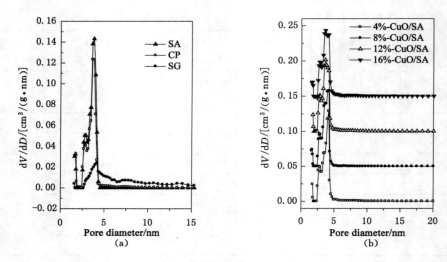

图 3-15　NLDFT 法计算的不同制备方法和不同 CuO 含量的
$CuO/Ce_{0.8}Zr_{0.2}O_2$ 催化剂孔分布曲线

图 3-16　12%-CuO/SA 催化剂的透射电镜照片

和采用 Scherrer 公式计算的结果相一致。

　　图 3-17 所示为不同方法制备的 12%-$CuO/Ce_xZr_{1-x}O_2$ 催化剂的 H_2-TPR 谱图。从图中可以看出,在 125～250 ℃ 范围内,CuO/SA 和 CuO/CP 样品存在四个还原峰(标记为 α,β,γ 和 δ),而 CuO/SG 样品仅有三个还原峰出现(标记为 α,β 和 δ)。纯 CuO 的氢气还原峰出现在约 370 ℃,在所制备的三个催化剂中 CuO 还原峰温度均明显低于 370 ℃。说明 CuO 和载体存在相互作用而且载体

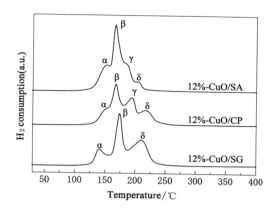

图 3-17　不同方法制备的 CuO/Ce$_{0.8}$Zr$_{0.2}$O$_2$ 催化剂的 H$_2$-TPR 谱图

促进了 CuO 的还原。Zhou 等人[39]研究了 CuO/ZrO$_2$ 催化剂的 TPR 和 TPD 性能，发现该催化剂在 185，220，278，360 和 395 ℃处出现五个还原峰，并将前三个峰归属为高分散在 ZrO$_2$ 表面的铜物种的还原，后两个峰归属为块体 CuO 的还原。Avgouropoulos 等人[35]详细地研究了 CuO/CeO$_2$ 的还原性能，并发现其在 168、210 和 255 ℃处分别出现三个还原峰，笔者将温度为 168 ℃处的还原峰归属为与载体强相互作用的铜物种的还原，而将较高温度处的两个还原峰归属为与载体相互作用较弱的粒径较大的铜物种的还原。前述一步法制备的 CuO/Ce$_{0.8}$Zr$_{0.2}$O$_2$ 催化剂的 H$_2$-TPR 研究中也得到了类似的结果。因此，对该系列催化剂的 H$_2$-TPR 谱图中的还原峰归属如下：

α 峰：对于三种不同方法制备的催化剂中分别出现在 150，151 和 140 ℃的还原峰，将其归属为高分散在载体 Ce$_{0.8}$Zr$_{0.2}$O$_2$ 表面并与其强相互作用的超细 CuO 纳米颗粒的还原。

β 和 γ 峰：β 和 γ 峰分别归属为与 Ce$_{0.8}$Zr$_{0.2}$O$_2$ 载体作用较弱的较大 CuO 颗粒的还原。

δ 峰：分别出现在 206，218 和 211 ℃处的还原峰归属为 Ce$_{0.8}$Zr$_{0.2}$O$_2$ 载体表面少量的 CuO 块体的还原。

同时，观察图 3-17 还会发现：在 CuO/SA 催化剂中，α，β 和 γ 三个还原峰的峰强度要明显高于另外两个催化剂中相对应的峰的强度。这说明，在 CuO/SA 催化剂表面存在着比 CuO/SG 和 CuO/CP 催化剂表面更多的活性铜物种，而丰富的活性铜物种的存在将极大地提高其催化 CO 低温氧化的催化活性。

3.2.1.3　不同方法制备的 CuO/Ce$_{0.8}$Zr$_{0.2}$O$_2$ 催化剂 CO 氧化性能研究

图 3-18 所示为不同方法制备的 12%-CuO/Ce$_{0.8}$Zr$_{0.2}$O$_2$ 催化剂和不同氧化

铜负载量的 $x\%$-CuO/SA 催化剂催化 CO 低温氧化的 CO 转化率随反应温度变化的曲线。具体原料气体中 CO 完全转化的反应温度列在表 3-3 中。从不同方法制备的 12%-CuO/$Ce_{0.8}Zr_{0.2}O_2$ 催化剂的催化性能测试图[图 3-18(a)]中可以看出:12%-CuO/SA 催化剂能在 80 ℃ 实现 CO 全部转化,而在 12%-CuO/SG 和 12%-CuO/CP 催化剂上的 CO 完全转化温度分别为 95 ℃ 和 115 ℃。综合 XRD 和氮气吸附—脱附测试结果认为:表面活性剂自组装制备的 CuO/SA 催化剂具有高比表面、介孔结构等优势,并因此表现出更加优异的催化性能。从图 3-18(b)可以看出,随着 CuO 负载量从 4% 到 12% 增大,其催化性能也逐渐提高,其中 12%-CuO/SA 催化剂能实现反应原料气体中的 CO 在 80 ℃ 完全转化。而继续增大 CuO 负载量,将导致在载体表面出现过量的 CuO 物种并且过量 CuO 物种会团聚形成大颗粒或 CuO 块体甚至负载催化剂活性位,这都将导致催化剂催化性能的降低。因此,12% 为最适宜的 CuO 负载量。

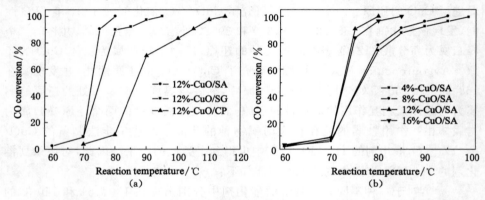

图 3-18　(a) 不同方法制备的 CuO/$Ce_{0.8}Zr_{0.2}O_2$ 催化剂和
(b) 不同 CuO 负载量的 CuO/SA 催化剂 CO 氧化催化性能

3.2.2　沉积—沉淀法制备负载型介孔 CuO/$Ce_xZr_{1-x}O_2$ 催化剂的研究

很多研究者对 $Ce_xZr_{1-x}O_2$ 复合氧化物的氧化还原性能最佳的组成及结构进行了研究。Kašpar 等[1,28]对铈锆复合氧化物的氧化还原特点做了综述性的报道。K. Otsuka 等[40]通过 H_2-TPR 还原实验发现,与纯 CeO_2 相比,$Ce_{0.8}Zr_{0.2}$-O_2 和 $Ce_{0.5}Zr_{0.5}O_2$ 能够降低体相晶格氧的还原温度,晶格氧与表面氧的还原同时发生能够提高其性能。甲烷燃烧测试中发现,使用 $Ce_{0.8}Zr_{0.2}O_2$ 复合氧化物能够达到最大的转化率。Hori 等[10]发现当 $x=0.5\sim0.6$ 时,$Ce_xZr_{1-x}O_2$ 较纯的 CeO_2 有 3~5 倍高的氧储存能力。Boaro 等[41]认为 $Ce_xZr_{1-x}O_2$（$0.5<x<0.8$）的复合氧化物具有高的氧储存能力和较好的氧化还原性质。叶青等[42]用程序

升温还原技术（TPR）考察了 $Ce_{1-x}Zr_xO_2$（$0 \leqslant x \leqslant 1$）的氧化还原性能。研究发现，当 $x \leqslant 0.25$ 时，氧化还原性随着 Zr 含量的增加而增加；当 $x > 0.25$ 时，氧化还原性随着 Zr 含量的增加而减弱。这可能与复合氧化物的结构有关，$Ce_{0.75}$-$Zr_{0.25}O_2$ 具有最好的氧化还原性能且在 CO_2 重整 CH_4 反应中表现出最高的催化活性、抗积炭能力和稳定性。Hori 等[10]认为表面过程而不是体相氧的移动会限制还原速度。虽然构型和结构特点在铈锆复合氧化物的氧化还原性能方面起着主要的作用，但是一些其他因素如高的比表面积的贡献也值得进一步研究。J. Kašpar 等[28]认为高比表面积的 $Ce_xZr_{1-x}O_2$ 复合氧化物具有较好的低温氧化还原性能，并且在结构和氧化还原性能上具有好的热稳定性。

本部分工作中，采用 CTAB 辅助合成的方法制备出不同铈锆比的 $Ce_xZr_{1-x}O_2$ 固溶体，并以其为载体采用沉积—沉淀法负载 CuO 制备出负载型介孔催化剂，以期寻找到最为合适的 $Ce_xZr_{1-x}O_2$ 固溶体组成。

3.2.2.1　负载型介孔 $CuO/Ce_xZr_{1-x}O_2$ 催化剂的制备

采用 CTAB 辅助合成法制备出介孔 $Ce_xZr_{1-x}O_2$ 固溶体。具体制备过程如下：室温下，将 6 mmol CTAB 溶解到 200 mL 去离子水中并超声分散 15 min，剧烈搅拌下按照不同比例加入 $Ce(NO_3)_3 \cdot 6H_2O$ 和 $Zr(NO_3)_4 \cdot 5H_2O$。继续搅拌半小时后，缓慢加入 0.2 M 的 NaOH 水溶液直到 pH 值达到 10，搅拌 12 h。所得到的悬浊液在 90 ℃ 老化 3 h，热水洗涤、110 ℃ 烘干 6 h、研磨、400 ℃ 焙烧 4 h，制备出介孔不同铈锆比的 $Ce_xZr_{1-x}O_2$ 固溶体。

以所制备的不同铈锆比的 $Ce_xZr_{1-x}O_2$ 为载体，采用沉积—沉淀法在其表面负载 CuO 制备出具有介孔结构的 $CuO/Ce_xZr_{1-x}O_2$ 纳米催化剂，具体制备过程如下：将一定量的 $Cu(NO_3)_2 \cdot 3H_2O$ 溶解到 200 mL 的去离子水中，剧烈搅拌下加入 1 g $Ce_xZr_{1-x}O_2$ 载体，继续搅拌一段时间，缓慢加入 0.25 M 的 Na_2CO_3 水溶液至溶液 pH 值为 9.0，继续搅拌 1 h，去离子水过滤，洗涤，80 ℃ 烘干 4 h，400 ℃ 焙烧 3 h，制备出不同 CuO 负载量（两步法制备的样品 CuO 百分含量为质量百分含量）的 $CuO/Ce_xZr_{1-x}O_2$ 纳米催化剂。

3.2.2.2　负载型介孔 $CuO/Ce_xZr_{1-x}O_2$ 催化剂的表征

图 3-19(a) 所示为不同铈锆比 $Ce_{0.8}Zr_{0.2}O_2$ 固溶体负载 12% 氧化铜的 12%-$CuO/Ce_xZr_{1-x}O_2$ 催化剂的 XRD 谱图。从图中可以看出，$Ce_{0.8}Zr_{0.2}O_2$ 和 CeO_2 具有相似的谱图形状，均可以归属为典型的立方萤石结构，在 $Ce_{0.8}Zr_{0.2}O_2$ 的谱图中，没有任何有关 ZrO_2 的相出现，表明 ZrO_2 进入了 CeO_2 的晶格形成了固溶体而保持了与 CeO_2 相同的结构。当 Zr 的含量（$1-x$）超过 0.2 时，可以归属为四方相的 ZrO_2 的峰（t-ZrO_2）开始在谱图中出现。$x = 0.6$ 和 0.4 的 $Ce_xZr_{1-x}O_2$ 出

现了某种程度的相分离，出现了富铈的立方萤石结构和富锆的四方相结构。载体 $Ce_{0.2}Zr_{0.8}O_2$ 谱图的主要特点可以归属为四方相 ZrO_2（$t-ZrO_2$）的结构。同时，在 CuO 为 12wt.% 的负载量下，各个 Ce/Zr 比的载体表面都因为 CuO 颗粒的聚集而出现了 CuO 的特征衍射峰。

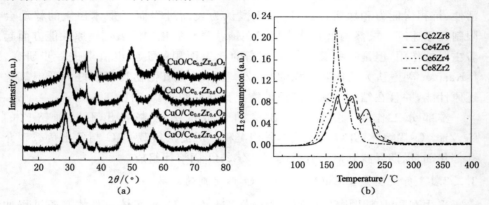

图 3-19　不同铈锆比 12%-CuO/$Ce_xZr_{1-x}O_2$ 催化剂的 XRD（a）和 H_2-TPR（b）谱图

图 3-19（b）所示为不同铈锆比的 12%-CuO/$Ce_xZr_{1-x}O_2$ 催化剂的 H_2-TPR 谱图，其结果和上一节（3.2.2.1）所述结果相似，且其中 Ce/Zr＝4 的催化剂的氢气还原温度最低，表明当 Zr 含量从 0.2 增加至 0.8 时，CuO 的分散度随着 Zr 含量的增加而降低。这可能使得在当前条件下 CuO/$Ce_{0.8}Zr_{0.2}O_2$ 催化剂具有比其他催化剂较好的催化性能。因此 Ce/Zr＝4 的比例最为适宜，铈锆形成固溶体后该载体和活性组分 CuO 的相互作用更为强烈。

从不同铈锆比 $Ce_xZr_{1-x}O_2$ 固溶体负载的氮气吸附—脱附等温线和孔分布曲线中（图 3-20）可以看出，所有比例的样品均具有由表面活性剂自组装纳米粒子所形成的孔径大小均一的典型的蠕虫状的介孔结构且其孔径分布范围很窄（集中在约 2.3 nm）。

3.2.2.3　负载型介孔 CuO/$Ce_xZr_{1-x}O_2$ 催化剂 CO 氧化性能研究

图 3-21 所示为 12%-CuO/$Ce_xZr_{1-x}O_2$ 催化剂催化 CO 低温氧化 CO 转化率随反应温度变化的曲线。从图中可以看出，x 值为 0.8，0.6，0.4 和 0.2 的 CuO/$Ce_xZr_{1-x}O_2$ 催化剂的 CO 完全转化温度分别为 80，100，105 和 170 ℃。可以发现，CO 氧化催化活性随着 Ce 含量的降低而降低。前面的研究已经指出，高分散的 CuO 是 CO 氧化催化的活性组分，而体相的 CuO 可能会降低催化剂的催化活性。根据 H_2-TPR 分析，CuO/$Ce_{0.8}Zr_{0.2}O_2$ 催化剂具有较好的 CuO 分散度，而且 CuO 的分散度随着 Zr 含量的增加而降低。催化活性测试结果表明：在

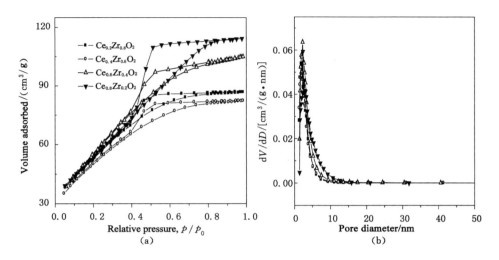

图 3-20　不同铈锆比 Ce$_x$Zr$_{1-x}$O$_2$ 固溶体的氮气吸附—
脱附等温线及其对应的孔分布曲线

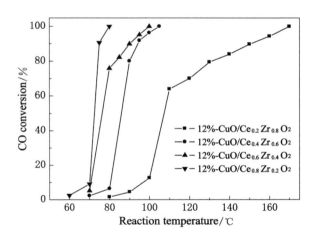

图 3-21　不同铈锆比 12%-CuO/Ce$_x$Zr$_{1-x}$O$_2$ 催化剂催化 CO 氧化性能

当前条件下，CuO/Ce$_{0.8}$Zr$_{0.2}$O$_2$ 催化剂展示了最高的催化性能。

3.2.3　CuO/Ce$_x$Zr$_{1-x}$O$_2$ 催化剂催化 CO 氧化动力学研究

为了对 CO 低温氧化脱除反应作更加深入的探讨，对该反应进行动力学研究。一定条件下，反应时间为 t 时，设反应原料气体中 CO 的转化率为 x，根据流动态反应动力学方程，CO 催化氧化为 CO$_2$ 的反应速率 r 与 CO 转化率 x 的关系

式为:

$$\frac{w}{v} = \int_0^x \frac{\mathrm{d}x}{r}$$

实验中催化剂粒度极小,因此可以不考虑内扩散因素,采用的流量又足够大,可以不考虑外扩散的影响。同时,所选择的实验条件中 O_2 过量,所以反应速率方程可以写为:

$$r = kp_{CO}^n$$

其中,p_{CO} 可以表示为:

$$p_{CO} = p_{CO}^0(1-x)$$

将速率方程中的 r 和 p_{CO} 代入流动态反应动力学方程,p_{CO}^0、v 和 w 分别表示初始 CO 气体分压、气体体积流速和催化剂用量。在初始分压、气体体积流速和催化剂用量固定不变的情况下,测定不同温度下的转化率 x,由上面三式求得该温度下的反应速率常数 k,然后依据如下所示的阿伦尼乌斯公式:

$$\ln k = -E_a/RT + \ln A$$

以 $\ln k$ 对 $1/T$ 作图,可得一条直线。根据直线的斜率即可求出活化能 E_a。活化能计算数据列在表 3-5 中。从表 3-5 可以看出,介孔 $CuO/Ce_xZr_{1-x}O_2$ 催化剂具有高催化 CO 低温氧化活性的实质是:介孔 $CuO/Ce_xZr_{1-x}O_2$ 催化剂降低了 CO 氧化反应的活化能,使 CO 在较低的温度下被活化氧化。其中,400 ℃ 焙烧的 12wt.%-CuO/SA 催化剂的活化能最低,仅为 45.39 kJ/mol,其催化 CO 低温氧化的活性也最高(80 ℃ 实现原料气体中 CO 完全转化)。这也充分验证了催化剂降低了 CO 氧化反应活化能是其具有高催化活性根本原因的结论。

表 3-5 　　　　介孔 $CuO/Ce_{0.8}Zr_{0.2}O_2$ 催化剂 CO 氧化活化能值

催化剂	焙烧温度/℃	活化能 E_a/(kJ/mol)	一氧化碳转化率(T/℃)
CeZrCu0	400	97.63	28.98%（260 ℃）
CeZrCu25	400	75.43	100%（90 ℃）
12%-CuO/SA	400	65.39	100%（80 ℃）
12%-CuO/CP	400	87.20	100%（115 ℃）
12%-CuO/SG	400	86.24	100%（95 ℃）

3.3　本章小结

本章中,笔者以阳离子型表面活性剂 CTAB 为结构导向剂,首次采用简单的一步法制备出具有均匀介孔结构、高比表面积和高催化 CO 低温氧化活性的 $CuO/Ce_{0.8}Zr_{0.2}O_2$ 纳米催化剂；同时采用溶胶—凝胶法和共沉淀法制备出 $CuO/Ce_{0.8}Zr_{0.2}O_2$ 催化剂，并对比研究了不同制备方法对其结构和催化性能的影响。在此基础上，以阳离子型表面活性剂 CTAB 为结构导向剂制备了不同铈锆比的 $CuO/Ce_xZr_{1-x}O_2$ 纳米催化剂。综合对催化剂结构的表征和催化活性的测试，得出如下结论：

XRD 分析结果表明，所有催化剂均保持单一的立方萤石晶相，表明 Zr 已进入 CeO_2 的晶格中并形成了 $Ce_{0.8}Zr_{0.2}O_2$ 固溶体。$CuO/Ce_{0.8}Zr_{0.2}O_2$ 催化剂中 CuO 含量大于 30 mol％ 和焙烧温度高于 500 ℃时，XRD 谱图中观察到 CuO 特征峰的出现，可能是由 CuO 的烧结和团聚引起的，而这些大颗粒 CuO 的出现将降低催化剂催化 CO 低温氧化的催化性能。TG-DTA 分析表明，400 ℃焙烧催化剂中模板剂 CTAB 已经分解完全，所以对催化剂进行 400 ℃焙烧最为适宜。氮气吸附—脱附和 TEM 分析表明，催化剂具有高的比表面积和蠕虫状的介孔结构且孔径分布范围窄，其颗粒大小约为 3 nm，与根据 XRD 分析所计算得出的数值一致。TPR 分析结果表明，在 CeZrCu25 样品中 CuO 以高分散态存在。XPS 分析结果表明，在 $CuO/Ce_{0.8}Zr_{0.2}O_2$ 催化剂中 Ce 主要为＋4 价存在，Cu 主要以＋2 价存在。

催化剂活性测试结果表明：400 ℃焙烧的 CeZrCu25 催化剂具有最高的催化活性（CO 在 90 ℃完全转化）。分析结构表征和催化活性测试结果可以明确地得出结论：活性组分 CuO 和载体 $Ce_{0.8}Zr_{0.2}O_2$ 的强相互作用、CuO 在载体表面的高分散、载体的高比表面积和粒径均一的纳米尺寸的粒子都是催化剂具有高的催化 CO 低温氧化活性的重要因素。对不同制备方法制备的 $CuO/Ce_{0.8}Zr_{0.2}O_2$ 催化剂的对比研究表明，溶胶—凝胶法制备的催化剂不具有介孔结构且其比表面积较低。活性测试结果表明，介孔结构、高比表面积和铜物种在催化剂表面的高分散共同促进了催化剂 CO 低温氧化活性的提高。对不同铈锆比的 $CuO/Ce_xZr_{1-x}O_2$ 纳米催化剂的研究结果表明，铈锆比为 4：1 的 $CuO/Ce_{0.8}Zr_{0.2}O_2$ 纳米催化剂的催化活性最高且结构最为稳定。

对催化 CO 氧化反应进行动力学研究，结果表明，介孔 $CuO/Ce_xZr_{1-x}O_2$ 催化剂具有高催化 CO 低温氧化活性的实质是：介孔 $CuO/Ce_xZr_{1-x}O_2$ 催化剂降低了 CO 氧化反应的活化能。

参 考 文 献

[1] KASPAR J，FORNASIERO P，GRAZIANI M. Use of CeO_2-based oxides in

the three-way catalysis[J]. Catalysis Today,1999,50(2):285-298.

[2] KAKUTA N,IKAWA S,EGUCHI T,et al. Oxidation behavior of reduced $(CeO_2)_{1-x}-(ZrO_2)_x$ $(x=0,0.2,0.5)$ catalysts[J]. Journal of Alloys and Compounds,2006(408):1078-1083.

[3] BOCANEGRA-BERNAL M H,DE L A TORRE S D. Phase transitions in zirconium dioxide and related materials for high performance engineering ceramics[J]. Journal of Materials Science,2002,37(23):4947-4971.

[4] STEELE B C H. Fuel-cell technology:running on natural gas[J]. Nature,1999,400(6745):619-621.

[5] RAMAMOORTHY R,DUTTA P K,AKBAR S A. Oxygen sensors:materials,methods,designs and applications[J]. Journal of Materials Science,2003,38(21):4271-4282.

[6] JURADO J R. Present several items on ceria-based ceramic electrolytes:synthesis,additive effects,reactivity and electrochemical behaviour[J]. Journal of Materials Science,2001,36(5):1133-1139.

[7] NAWROCKI J,RIGNEY M P,MCCORMICK A,et al. Chemistry of zirconia and its use in chromatography[J]. Journal of Chromatography A,1993,657(2):229.

[8] PICONI C,MACCAURO G. Zirconia as a ceramic biomaterial[J]. Biomaterials,1999,20(1):1-25.

[9] LI R,YABE S,YAMASHITA M,et al. UV-shielding properties of zinc oxide-doped ceria fine powders derived via soft solution chemical routes[J]. Materials Chemistry and Physics,2002,75(1):39-44.

[10] HORI C E,PERMANA H,NG K Y S,et al. Thermal stability of oxygen storage properties in a mixed CeO_2-ZrO_2 system[J]. Applied Catalysis B:Environmental,1998,16(2):105-117.

[11] TROVARELLI A,ZAMAR F,LLORA J,et al. Nanophase fluorite-structured CeO_2-ZrO_2 catalysts prepared by high-energy mechanical milling [J]. Journal of Catalysis,1997,169(2):490-502.

[12] DESHPANDE A S,PINNA N,BEATO P,et al. Synthesis and Characterization of Stable and Crystalline $Ce_{1-x}Zr_xO_2$ Nanoparticle Sols[J]. Chemistry of Materials,2004,16(13):2599-2604.

[13] YIN L,WANG Y,PANG G,et al. Sonochemical synthesis of cerium oxide nanoparticles—effect of additives and quantum size effect[J]. Journal of

Colloid and Interface Science,2002,246(1):78-84.

[14] THAMMACHRT M,MEEYOO V,RISKSOMBOON T,et al. Catalytic activity of CeO$_2$-ZrO$_2$ mixed oxide catalysts prepared via sol-gel technique:CO oxidation[J]. Catalysis Today,2001,68(1):53-61.

[15] 古映莹,冯圣生,李金林,等. 高比表面 Ce$_x$Zr$_{1-x}$O$_2$ 复合氧化物的制备及表征[J]. 无机化学学报,2006,22(9):1623-1627.

[16] HIRANO M,MIWA T,INAGAKI M. Effect of the Presence of Ammonium Peroxodisulfate on the Direct Precipitation of Ceria and Ceria-Zirconia Solid Solutions from Acidic Aqueous Solutions[J]. Journal of the American Ceramic Society,2001,84(8):1728-1732.

[17] ARUNA S T,PATIL K C. Combustion synthesis and properties of nanostructured ceria-zirconia solid solutions[J]. Nanostructured Materials, 1998,10(6):955-964.

[18] STARK W J,MCIEJEWSKI M,MADLER L,et al. Flame-made nanocrystalline ceria/zirconia:structural properties and dynamic oxygen exchange capacity[J]. Journal of Catalysis,2003,220(1):35-43.

[19] RODRIGUEZ J A,HANSON J C,KIM J Y,et al. Properties of CeO$_2$ and Ce$_{1-x}$Zr$_x$O$_2$ Nano-particles:X-ray Absorption Near-Edge Spectroscopy, Density Functional,and Time-Resolved X-ray Diffraction Studies[J]. The Journal of Physical Chemistry B,2003,107(15):3535-3543.

[20] KIM J R,MYEONG W J,IHM S K. Characteristics in oxygen storage capacity of ceria-zirconia mixed oxides prepared by continuous hydrothermal synthesis in supercritical water[J]. Applied Catalysis B:Environmental, 2007,71(1):57-63.

[21] 冯长根,张江山,王亚军. 铈锆氧化物纳米粉的合成及催化性能研究[J]. 中国稀土学报,2004,22(4):551.

[22] 翟彦青,刘源,王丽. 超临界干燥法制备铈锆氧化物固溶体[J]. 2001, 20(4):245-249.

[23] YASHIMA M,MITSUHASHI T,TAKASHINA H,et al. Tetragonal-Monoclinic Phase Transition Enthalpy and Temperature of ZrO$_2$-CeO$_2$ Solid Solutions[J]. Journal of the American Ceramic Society,1995,78(8): 2225-2228.

[24] MERIANI S. A new single-phase tetragonal CeO$_2$/ZrO$_2$, solid solution [J]. Materials Science & Engineering,1985(71):369-370.

[25] YSHIMA M,MORIMOTO K,ISHIZAWA N,et al. Zirconia-ceria solid solution synthesis and the temperature-time-transformation diagram for the 1 : 1 composition[J]. Journal of the American Ceramic Society,1993, 76(7):1745-1750.

[26] FORNASIERO P,BALDUCCI G,DI MONTE R,et al. Modification of the Redox Behaviour of CeO_2 Induced by Structural Doping with ZrO_2[J]. Journal of Catalysis,1996,164(1):173-183.

[27] COLON G,VALDIVIESO F,PIJOLAT M,et al. Textural and phase stability of $Ce_x Zr_{1-x} O_2$ mixed oxides under high temperature oxidising conditions[J]. Catalysis Today,1999,50(2):271-284.

[28] DI MONTE R,KASPAR J. Heterogeneous environmental catalysis-a gentle art: CeO_2-ZrO_2 mixed oxides as a case history[J]. Catalysis Today, 2005,100(1):27-35.

[29] OZAWA M,MATUDA K,SUZUKI S. Microstructure and oxygen release properties of catalytic alumina-supported CeO_2-ZrO_2 powders[J]. Journal of Alloys and Compounds,2000(303):56-59.

[30] WANG S P,ZHENG X C,WANG X Y,et al. Comparison of CuO/ $Ce_{0.8} Zr_{0.2} O_2$ and CuO/CeO_2 catalysts for low-temperature CO oxidation [J]. Catalysis Letters,2005,105(3):163-168.

[31] YUAN Z Y,SU B L. Surfactant-assisted nanoparticle assembly of mesoporous β-FeOOH (akaganeite)[J]. Chemical Physics Letters, 2003, 381(5):710-714.

[32] REN T Z,YUAN Z Y,SU B L. Surfactant-assisted preparation of hollow microspheres of mesoporous TiO_2[J]. Chemical Physics Letters, 2003, 374(1):170-175.

[33] LIN R,LUO M F,ZHONG Y J,et al. Comparative study of CuO/ $Ce_{0.7} Sn_{0.3} O_2$,CuO/CeO_2 and CuO/SnO_2 catalysts for low-temperature CO oxidation[J]. Applied Catalysis A:General,2003,255(2):331-336.

[34] RATNASAMY P,SRINIVAS D,SATYNATAYANA C V V,et al. Influence of the support on the preferential oxidation of CO in hydrogen-rich steam reformates over the CuO-CeO_2-ZrO_2 system[J]. Journal of Catalysis,2004,221(2):455-465.

[35] AVGOUROPOULOS G,IOANNIDES T. Selective CO oxidation over CuO-CeO_2 catalysts prepared via the urea-nitrate combustion method[J].

Applied Catalysis A:General,2003,244(1):155-167.

[36] NELSON A E,SCHULZ K H. Surface chemistry and microstructural a-nalysis of Ce$_x$Zr$_{1-x}$O$_{2-y}$ model catalyst surfaces[J]. Applied Surface Science,2003,210(3):206-221.

[37] LIN R,LUO M F,XIE Y L,et al. TPD,TPR study and catalytic activity of CuO/Ce$_{0.7}$Sn$_{0.3}$O$_2$ catalysts for low-temperature CO oxidation[J]. Reaction Kinetics and Catalysis Letters,2004,81(1):65-71.

[38] JIANG X Y,LU G L,ZHOU R X,et al. Studies of pore structure,temper-ature-programmed reduction performance, and micro-structure of CuO/CeO$_2$ catalysts[J]. Applied Surface Science,2001,173(3):208-220.

[39] ZHOU R,YU T,JIANG X,et al. Temperature-programmed reduction and temperature programmed desorption studies of CuO/ZrO$_2$ catalysts[J]. Applied Surface Science,1999,148(3):263-270.

[40] OTSUKA K,WANG Y,NAKAMURA M. Direct conversion of methane to synthesis gas through gas-solid reaction using CeO$_2$-ZrO$_2$ solid solution at moderate temperature[J]. Applied Catalysis A:General,1999,183(2):317-324.

[41] BOARO M,DE LEITENBURG C,DOLCETTI G,et al. The dynamics of oxygen storage in ceria-zirconia model catalysts measured by CO oxidation under stationary and cycling feedstream compositions[J]. Journal of Catalysis,2000,193(2):338-347.

[42] 叶青,徐柏庆. Ce$_{1-x}$Zr$_x$O 的氧化还原性能及其对 CO$_2$ 重整 CH$_4$ 反应的影响[J]. 催化学报,2006,27(2):151-156.

第4章 CuO-Fe₂O₃的制备、表征和催化性能研究

铁的氧化物是一种重要的过渡金属氧化物，是优良的颜料、催化剂和磁性记录材料[1-6]，其中α-Fe₂O₃是应用和研究最为广泛的铁氧化物之一。如α-Fe₂O₃因为具有较高的气敏性和抗磁性能而被广泛应用于检测空气中的可燃性气体、有毒气体和生物医学工程等方面[4,5]。同时，由于α-Fe₂O₃具有光泽柔和、无毒、耐热、耐磨、化学稳定性好等特点，在轿车装饰材料、塑料、皮革、陶瓷等领域也得到了广泛的应用。通常α-Fe₂O₃是由羟基氧化铁FeOOH经过煅烧处理而获得的。其中，具有不同形貌的纳米结构α-Fe₂O₃，其作为催化剂或催化剂载体在催化中的应用也得到科研工作者的广泛关注，尤其是在催化CO低温氧化上的应用更是人们研究的热点[7-9]。

一氧化碳是重要的环境污染物之一，它的存在严重影响了人类的身体健康。所以，一氧化碳的消除有着极为重要的意义，而催化氧化是一种简单且行之有效的办法。第3章中，我们已经考察了介孔Ce-Zr-O固溶体负载氧化铜催化剂的CO低温氧化性能。通过文献综述我们知道，以氧化铁为载体负载贵金属的催化剂在催化氧化尤其是催化CO氧化方面的研究非常的广泛而且深入。Tripathi等人[7]的研究表明，Au/Fe₂O₃催化CO氧化是通过氧化还原机理进行的[104]，其中包括晶格氧的迁移和填充。此外，载体的初始结构能极大地影响金的粒子尺度和Au/Fe₂O₃的催化活性[8]，小粒度的金和α-Fe₂O₃与γ-Fe₂O₃混合物组成的Au/Fe₂O₃催化剂的活性最高[10]，同时Au/α-Fe₂O₃的催化活性要高于Au/γ-Fe₂O₃。由于贵金属价格昂贵、易中毒失活等缺陷，目前科研工作者将研究重心转移到替代贵金属的过渡金属铜催化剂上。常见的铜铁复合氧化物催化剂的制备方法有以下几种：共沉淀法[9]、球磨法[11]、热固—固相互作用法[12]和溶胶—凝胶法[13]。但是将该复合氧化物催化剂应用到催化CO低温氧化中的报道却相对较少。Cheng等人[9]采用共沉淀的方法制备出CuO/Fe₂O₃复合氧化物催化剂，并证明该催化剂具有高的催化CO氧化活性和稳定性，焙烧温度、铜铁比例、比表面积和颗粒大小都是影响该催化剂催化性能的重要因素。

本章中，首先以阳离子型表面活性剂十六烷基三甲基溴化胺CTAB为结构导向剂，采用简便的一步制备法合成出具有介孔结构的高比表面CuO-Fe₂O₃复合氧化物催化剂，并将其应用到催化CO低温氧化中。所合成的催化剂孔径分

布范围窄、比表面积高、粒径小且分布均匀。高比表面和纳米尺度的粒子能提供更多的活性位从而提高其催化 CO 低温氧化的反应活性,并且该催化剂催化 CO 低温氧化活性测试结果表明其具有高催化活性。其次,以阳离子型表面活性剂 CTAB 为结构导向剂,采用简单表面活性剂辅助合成的方法制备出具有多孔结构的 α-Fe₂O₃ 纳米棒。采用沉积—沉淀法在所制备的多孔 α-Fe₂O₃ 纳米棒表面负载活性组分 CuO 制备出负载型催化剂(CuO/α-Fe₂O₃ NRs),绝大部分的 CuO 纳米颗粒包埋或半包埋在多孔 α-Fe₂O₃ 纳米棒表面的 5~12 nm 的孔内。将所制备的催化剂应用到催化 CO 低温氧化中。为了研究一维棒状结构及多孔结构对该催化剂材料催化性能的促进作用,采用相同的方法制备出商品 α-Fe₂O₃ 负载 CuO 纳米颗粒的催化剂(CuO/α-Fe₂O₃-powder)并在相同的测试条件下应用到催化 CO 低温氧化中。

4.1　介孔 CuO-Fe₂O₃ 复合氧化物催化剂的制备

室温下,称取 6 mmol 的 CTAB,溶解到 200 mL 去离子水中,超声分散 15 min。剧烈搅拌下向上述的溶液中按 CuO 摩尔百分含量为 15 mol% 的比例 (Cu/(Cu+Fe)摩尔比)加入 Fe(NO₃)₃·6H₂O 和 Cu(NO₃)₂·3H₂O,继续搅拌 30 min,加入 0.2 M 的 NaOH 溶液到 pH 值为 9.0,搅拌得到的悬浊液 3 h, 90 ℃ 老化 3 h,热水洗涤,抽滤,110 ℃ 干燥 12 h,300 ℃ 焙烧 5 h,制备出介孔氧化铜含量为 15% 的 CuO-Fe₂O₃ 复合氧化物催化剂(标记为 FeCu15)。为了考察 CuO 含量对该介孔 CuO-Fe₂O₃ 复合氧化物催化剂体系催化 CO 低温氧化催化性能的影响,采用同样的制备方法分别制备了氧化铜摩尔百分含量为 10%, 20%,25%,33% 和 50% 的一系列的催化剂。同时,为了考察预处理温度对该催化剂体系催化性能的影响,采用相同的制备过程分别制备了 200 ℃、400 ℃ 和 500 ℃ 焙烧处理的 15%-CuO-Fe₂O₃ 复合氧化物催化剂。

4.2　介孔 CuO-Fe₂O₃ 复合氧化物催化剂的表征

4.2.1　XRD 分析

图 4-1 给出了不同 CuO 含量的 CuO-Fe₂O₃ 复合氧化物催化剂的 XRD 谱图。从图 4-1 可以看出,在 FeCu15 样品的 XRD 谱图中只显示了表示 α-Fe₂O₃ 的特征峰,并且与纯 α-Fe₂O₃ 相比,其(104)和(110)晶面的特征衍射峰的 2θ 值从 32.94° 和 35.54° 偏移至 33.14° 和 35.64°,这表明可能有少量的铜物种进入了 α-

Fe$_2$O$_3$的晶格中而形成了固溶体,或者是 CuO 以极小的纳米粒子分散在α-Fe$_2$O$_3$的表面并与 α-Fe$_2$O$_3$发生强相互作用。当 CuO 含量为 15 mol％～25 mol％时催化剂为非晶态。继续增大 CuO 含量至 33 mol％和 50 mol％,在样品的 XRD 谱图中只显示 CuO 的特征峰,并且随着 CuO 含量的增大峰强度增强,说明在CuO-Fe$_2$O$_3$复合氧化物体系中 CuO 物种的含量过大。所制备样品中各组分的理论含量和实际测试含量列在表 4-1 中。

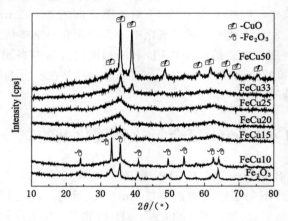

图 4-1 300 ℃焙烧的不同 CuO 摩尔百分含量的
CuO-Fe$_2$O$_3$复合氧化物催化剂 XRD 谱图

表 4-1 **CuO-Fe$_2$O$_3$复合氧化物催化剂的理论计算和实际测试百分含量组成**

催化剂	理论铜、铁含量		实际元素组成（ICP 测试结果）			
	Cu/mol％	Fe/mol％	Cu/wt.％	Cu/mol％	Fe/wt.％	Fe/mol％
FeCu10	10	90	6.98	10.73	51.02	89.27
FeCu15	15	85	10.29	16.43	45.99	83.57
FeCu20	20	80	14.14	22.25	43.42	77.75
FeCu25	25	75	17.58	26.89	42.00	73.11
FeCu33	33	67	23.68	35.57	37.69	64.43
FeCu50	50	50	36.18	52.28	29.02	47.72

在研究了不同氧化铜含量的催化剂的晶体结构后,选择 FeCu15 为代表研究了不同焙烧温度对所制备的 FeCux 催化剂体系的影响,结果如图 4-2 所示。从不同温度焙烧的 FeCu15 催化剂的 XRD 谱图(图 4-2)中可以看出:当焙烧温度低于 400 ℃时催化剂仍为非晶态;当焙烧温度高于 400 ℃时,出现归属于晶态

赤铁矿 α-Fe₂O₃ 的特征峰,而且随着焙烧温度的升高该峰越来越强。这说明,随着焙烧温度的升高,样品的结晶度增强并且伴随着颗粒的长大。此外,在 2θ 为 35.6°和 38.8°处出现归属于 CuO 的较弱衍射峰,说明随着焙烧温度的升高,CuO 纳米颗粒逐渐长大。

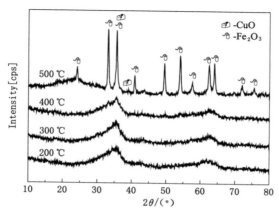

图 4-2　不同温度焙烧的 FeCu15 催化剂的 XRD 谱图

4.2.2　TG-DTA 分析

为了考察所制备样品的热稳定性和其热处理过程中的失重情况,对 FeCu15 样品进行了热重—差热分析。图 4-3 所示为 FeCu15 催化剂前驱体的热重—差热分析曲线,样品的总失重为 23.6 wt.％。从图中可以看出:FeCu15 催化剂前驱体的失重分为三步:第一步为 40～125 ℃失重过程,第二步为 125～300 ℃失重过程,第三步为 300～500 ℃失重过程。第一步:在 DTA 曲线上,40～125 ℃之间有一个吸热峰,与其相对应的是在 TG 曲线上这个温度段里 6.5 wt.％ 的失重过程,这一阶段的失重归属为物理吸附或者化学吸附在纳米粒子之间和纳米孔道内部的水的脱附。第二步:从 TG 曲线可以看出,在 125～300 ℃范围内的失重是整个失重的主要部分(约 15 wt.％),与其相对应在 DTA 曲线上 228 ℃处有一个很强的放热峰;因为该样品在制备过程中采用表面活性剂 CTAB 为结构导向剂,其脱除方式为过滤和热水洗涤,所以未经高温焙烧处理的该样品中一定会残留部分的 CTAB,所以这第二步的失重过程可以归属为表面活性剂 CTAB 的分解和 C 物种的燃烧。第三步为 300～500 ℃,在此温度区间有一个较小的失重归属为反映羟基的分解,这一步失重和 XRD 谱图中结晶相的出现相关。

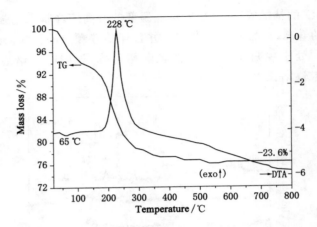

图 4-3　FeCu15 催化剂前驱体的热重—差热分析

4.2.3　N₂-sorption 分析

  图 4-4 和图 4-5 所示为具有不同 CuO 含量的 CuO-Fe₂O₃ 复合氧化物催化剂和在不同温度下焙烧处理的 FeCu15 催化剂的吸附—脱附等温线及其对应的孔分布曲线。所制备的催化剂的结构参数列在表 4-2 中。从图 4-4 和图 4-5 可以看出：所制备的样品的吸附—脱附等温线都是 Ⅳ 型等温线，根据 IUPAC 的定义可知，所制备的催化剂都具有介孔结构。所有样品的滞后环均在脱附分支具有一个陡峭的解吸附曲线，而在吸附分支表现为一个较弱的吸附曲线，所以为标准的 H₂ 型。这表明所制备的介孔催化剂为由表面活性剂自组装纳米粒子所组成的孔径大小均一的典型的蠕虫状的介孔材料[14,15]。

  图 4-4 所示为不同 CuO 含量的 CuO-Fe₂O₃ 复合氧化物催化剂的吸附—脱附等温线及其对应的孔分布曲线。从图 4-4 可以看出：300 ℃ 焙烧的不同 CuO 含量的复合氧化物催化剂的孔径分布曲线采用 BJH 法根据等温线的吸附曲线计算得到，其集中在孔径 3.0～3.9 nm 处出现一个狭窄的孔分布峰，表明样品的孔分布集中在 3.0～3.9 nm；这说明所制备的催化剂孔径分布很集中，并且为标准的介孔。随着 CuO 含量从 15 mol% 到 50 mol% 的增加，其比表面积由 299 m²/g 降至 200 m²/g，其孔容也相应降低（具体数据见表 4-2）。

  图 4-5 所示为不同温度下焙烧处理的 FeCu15 催化剂的吸附—脱附等温线及其对应的孔分布曲线。从图 4-5 可以看出：不同温度焙烧的 FeCu15 催化剂的孔径分布范围也很窄，并且随着焙烧温度的升高其孔径变大、比表面降低（由高温处理纳米粒子的烧结导致，结果见表 4-2）。对经过 500 ℃ 焙烧 5 h 后的

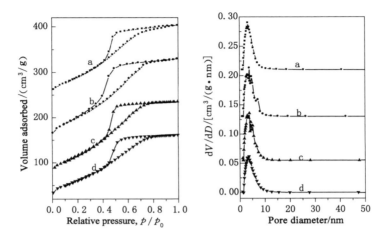

图 4-4　不同 CuO 含量的 CuO-Fe₂O₃复合氧化物催化剂的(左)
吸附—脱附等温线和(右)孔分布曲线

a——FeCu33;b——FeCu20;c——FeCu15;d——FeCu10

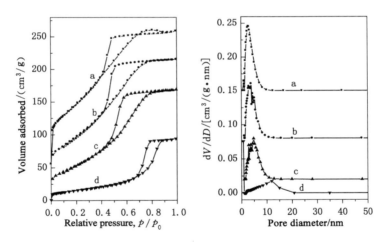

图 4-5　不同温度焙烧的 FeCu15 催化剂的(左)吸附—脱附等温线和(右)孔分布曲线

a——200 ℃;b——300 ℃;c——400 ℃;d——500 ℃

FeCu15 催化剂样品的吸附—脱附等温线以及其对应的孔分布曲线进行分析,发现 500 ℃焙烧处理后,FeCu15 催化剂样品仍然保持了 57 m²/g 的高比表面积,这说明采用表面活性剂 CTAB 辅助合成的介孔 CuO-Fe₂O₃复合氧化物催化剂具有较高的热稳定性。

表 4-2　　　CuO-Fe₂O₃复合氧化物催化剂的结构参数和催化活性

催化剂	焙烧温度 /℃	比表面积[a] /(m²/g)	孔容[b] /(cm³/g)	最可几孔径[c] /nm	平均孔径[d] /nm	一氧化碳完全转化温度(T_{100})/℃
Fe₂O₃	300	151	0.367	2.5	9.7	270
FeCu10	300	236	0250	3.4	4.2	120
FeCu15	300	299	0.302	3.3	4.1	110
FeCu20	300	291	0.317	3.2	4.3	115
FeCu25	300	268	0.284	3.0	4.2	120
FeCu33	300	266	0.283	3.4	4.3	125
FeCu50	300	200	0.248	3.9	5.0	125
FeCu15	200	349	0.315	2.8	3.6	115
FeCu15	400	201	0.261	4.8	5.2	130
FeCu15	500	57	0.145	11.9	10.1	210

[a] Multi—point BET surface area. [b] Total pore volume at $p/p_0 = 0.99$. [c] Maximum of BJH pore diameter as determined from the adsorption branch. [d] Aaverage pore diameter (4 V/A).

4.2.4　TEM 分析

通过氮气吸附—脱附分析所获得的催化剂为具有蠕虫状的孔洞和孔径分布均一的介孔材料的结论,通过 TEM 分析得到了进一步证实。图 4-6 所示为 300 ℃焙烧后的 FeCu15 催化剂样品的 TEM 照片。从图中可以清晰地看出,样品由非常均匀的小的纳米粒子通过表面聚集生成大的二次粒子构成。因此,与含硅分子筛等不同,这里的孔不是规整的孔,而是随机分布的大小均一的纳米粒子自组装形成的不规则的蠕虫状介孔。由纳米粒子自组装形成的介孔不规则的相互连接,缺乏长程有序性,这和由氮气吸附—脱附分析得出的结论相一致。从图 4-6 还可以发现:在 FeCu15 催化剂中,纳米粒子形状规整、粒径大小为 3～4 nm。

4.2.5　H₂-TPR 分析

为了获得所制备的样品氧化还原性能方面的信息,对所制备的样品进行了 H₂-TPR 分析。图 4-7 所示为所制备的 CuO、α-Fe₂O₃ 和 FeCu15 样品的 H₂-TPR谱图。纯 α-Fe₂O₃ 从 200 ℃开始还原,在 358、550 和 750 ℃处出现三个还原峰。358 ℃处的峰对应 Fe₂O₃ 到磁铁矿 Fe₃O₄ 的还原,具有大的氢气消耗量的 550 ℃ 和 750 ℃处的宽峰对应磁铁矿 Fe₃O₄ 到 FeO 和 Fe 的两步还原[16,17]。

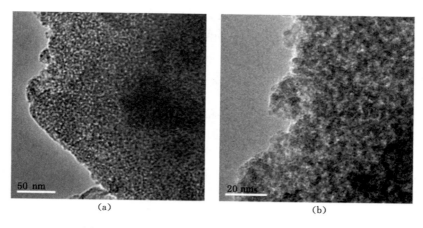

（a）　　　　　　　　　　（b）

图 4-6　300 ℃焙烧的 FeCu15 催化剂的 TEM 照片

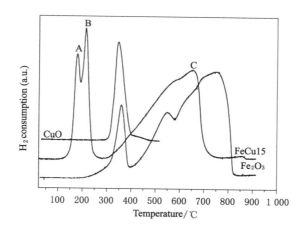

图 4-7　300 ℃焙烧的 CuO，Fe₂O₃ 和 FeCu15 样品的 H₂-TPR 谱图

纯态 CuO 的还原峰出现在 346 ℃。而 FeCu15 催化剂分别在 177、212 和 650 ℃ 处出现 A、B 和 C 三个还原峰。与纯 α-Fe₂O₃ 出现在 750 ℃ 处的对应于磁铁矿 Fe₃O₄ 还原为 FeO 和 Fe 的峰相比，FeCu15 中该峰出现位置降低至 650 ℃，这说明 CuO 的出现降低了磁铁矿 Fe₃O₄ 的还原温度。FeCu15 催化剂中出现在 177 ℃ 和 212 ℃ 处的 A、B 两个还原峰的还原温度远低于纯态 CuO 的还原峰出现的温度。这说明 CuO 和 α-Fe₂O₃ 之间存在强相互作用，载体 α-Fe₂O₃ 促进了活性组分 CuO 的还原。低温度处（177 ℃）的还原峰 A 归属为催化反应提供活性位的催化剂表面高分散的 CuO 物种的还原。根据 XRD 分析认为，Cu²⁺ 可能进入了 α-Fe₂O₃ 的晶格中而形成 CuO-Fe₂O₃ 固溶体，并且催化剂与载体之间的

强相互作用会降低其还原温度,所以认为较高温度处(212 ℃)出现的还原峰 B 可以归属为掺杂入 α-Fe_2O_3 晶格中的 Cu^{2+} 的还原或者和 Fe_2O_3 到 Fe_3O_4 的还原有关。

4.2.6　XPS 分析

为了详细研究催化剂的表面组成和表面阳离子和阴离子的化学状态,对 FeCu15 催化剂进行了 XPS 表征分析(图 4-8)。从图 4-8(a)全谱图可看出:催化剂表面包含 Fe、Cu、O 和 C 元素,C 元素的出现可能是因为表面活性剂 CTAB 分解后积炭或表面吸附的有机污染物的存在造成的。图 4-8(b)为 Cu 2p 的精细 XPS 谱,从图中可以看出:在结合能为 954.1 eV 和 934.5 eV 处出现分别对应于 Cu $2p_{1/2}$ 和 Cu $2p_{3/2}$ 的两个峰。Cu $2p_{3/2}$ 峰出现在较高的电子结合能 934.5 eV 处并伴随着 940～944 eV 处震激峰的出现,表明在 FeCu15 催化剂表面铜物种以＋2 价 Cu 离子的形式出现[18]。图 4-8(c)中,在结合能为 710.9 和 724.8 eV

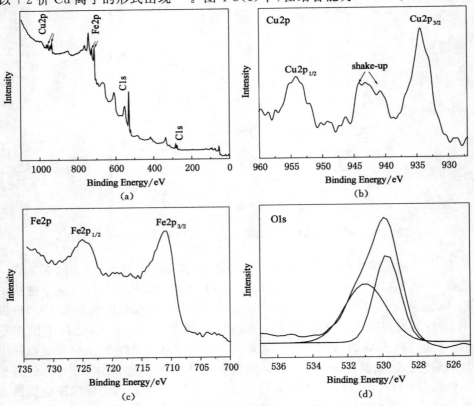

图 4-8　400 ℃ 焙烧的 FeCu15 催化剂的 XPS 谱图

处出现了分别对应于 Fe 2p$_{3/2}$ 和 Fe 2p$_{1/2}$ 的峰,这表明铁物种以＋3 价的形式存在[19]。氧物种在图 4-8(d)中出现两个峰,分别在 529.7 和 531.1 eV 处,表明在催化剂表面存在两种不同的氧物种,其中低结合能处的峰对应晶格氧,而高结合能处的峰对应于弱吸附离子化的氧物种,表示为"O⁻"物种。

XPS 测试结果显示:FeCu15 催化剂表面 Cu、Fe 和 O 的含量分别为 9.05％、29.13％和 61.82％。根据测试结果进行计算得出:表面 Cu 原子所占比例 Cu/(Cu＋Fe)为 0.237,而根据化学分析所得出的整体催化剂中 Cu 所占的原子比率为 0.164,这说明铜物种在该复合氧化物催化剂体系的表面富集且具有高的分散度,这将极大地提高该催化剂体系的催化活性。

4.3　催化剂的催化性能研究

介孔 CuO-Fe₂O₃ 复合氧化物催化剂催化 CO 低温氧化的 CO 转化率随反应温度变化的曲线列在图 4-9 和图 4-10 中。同时考察了反应原料空速对催化剂催化性能的影响,并在此基础上考察了该催化剂体系的稳定性,结果列在图4-11中。通过活性测试结果可看出:所有介孔 CuO-Fe₂O₃ 复合氧化物催化剂的催化活性都随着反应温度的升高而提高。催化剂催化反应原料中 CO 完全氧化的反应温度 T_{100} 列在表 4-2 中。

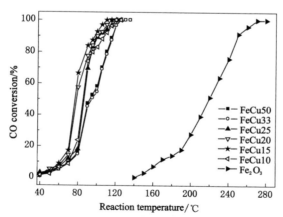

图 4-9　不同 CuO 百分含量的 CuO-Fe₂O₃ 复合氧化物催化剂
催化 CO 低温氧化的催化性能

图 4-9 所示为不同 CuO 含量的介孔 CuO-Fe₂O₃ 复合氧化物催化剂的催化活性随反应温度的变化曲线。从图中可以看出,纯 α-Fe₂O₃ 的催化活性很低,在

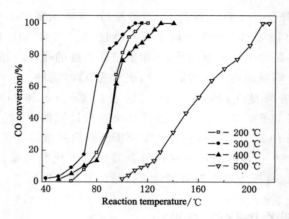

图 4-10　不同温度焙烧的 FeCu15 催化剂催化 CO 低温氧化的催化性能

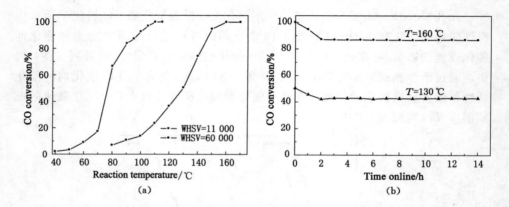

图 4-11　空速对催化剂催化 CO 低温氧化活性的影响(a)和催化剂的稳定性(b)

相同的测试条件下纯 CuO 在该温度范围没有显示出催化活性,而所有介孔 CuO-Fe$_2$O$_3$ 复合氧化物催化剂的催化活性都明显高于纯 α-Fe$_2$O$_3$。介孔 CuO-Fe$_2$O$_3$ 复合氧化物催化剂的催化活性在 CuO 含量由 10 mol% 升至 15 mol% 的过程中逐渐升高,继续增加 CuO 的含量其催化活性反而降低。文献报道[20],高比表面积能显著提高催化剂的催化活性,在所制备的介孔 CuO-Fe$_2$O$_3$ 复合氧化物催化剂中,具有最高比表面(299 m^2/g)的 FeCu15 催化剂具有最高的催化活性(T_{100}=110 ℃)。但是当 CuO 含量更高时,过量的 CuO 不但会覆盖催化活性位还会引起 CuO 颗粒的长大,这对催化剂的催化活性会起到负面的影响。因此,认为对于所制备的 CuO-Fe$_2$O$_3$ 复合氧化物催化剂来说,15 mol% 的 CuO 含量是最为适宜的。

图 4-10 所示为不同温度焙烧的 FeCu15 催化剂催化 CO 低温氧化的催化活性随反应温度变化的曲线。从图中可以看出：300 ℃焙烧的 FeCu15 催化剂具有最高的比表面（299 m²/g）和纳米尺寸的粒子（根据 TEM 分析测出为 3～4 nm），其催化 CO 低温氧化的催化活性最高。而 500 ℃焙烧的 FeCu15 催化剂比表面积在所有样品中最低（57 m²/g），粒径最大（根据 Scherrer 公式计算为 25.7 nm），其催化活性也最低（T_{100} = 210 ℃）。XRD 和氮气吸附—脱附分析结果显示，随着反应温度的升高，催化剂比表面降低、孔径和纳米粒子的粒径变大。因此，从图 4-10 中所观察到的催化剂的催化活性随着预处理温度改变所发生的变化可能是由高温焙烧导致的介孔结构的坍塌、催化剂团聚、比表面降低和纳米粒子的变大所共同导致的。

为了考察原料气空速对催化剂催化 CO 低温氧化活性的影响，分别测试了在不同空速下 [WHSV = 60 000 mL/(h·g) 和 WHSV = 11 000 mL/(h·g)] FeCu15 催化剂的催化性能。结果显示 [图 4-11(a)]，催化剂在高空速下的催化活性明显低于低空速下的催化活性，这是因为在高空速下原料气体与催化剂的接触时间要明显低于低空速下的接触时间。同时以 FeCu15 为代表测试了所制备的介孔 CuO-Fe₂O₃ 复合氧化物催化剂的催化活性稳定性 [图 4-11(b)]。催化活性稳定性的考察在高空速下 [60 000 mL/(h·g)] 进行，反应温度分别定为 160 ℃（CO 100% 转化的反应温度）和 130 ℃（CO 50% 转化的反应温度）。结果显示，在反应开始的两个小时催化活性有所降低，但在 2 h 后的 14 h 里催化活性基本不变并保持较高的催化活性（160 ℃的反应条件下 CO 转化率保持在约 87% 和 130 ℃反应条件下 CO 转化率保持在约 42%）。反应开始阶段的活性下降，可能是因为反应物和催化剂之间的相互作用导致的催化剂表面的氧化还原平衡和表面组成的稳定。总之，催化活性稳定性测试结果证实我们所制备的介孔 CuO-Fe₂O₃ 复合氧化物催化剂具有高的催化活性稳定性。

4.4　介孔 CuO-Fe₂O₃ 催化剂催化 CO 氧化动力学研究

在第 3 章中，对介孔 CuO/Ce$_x$Zr$_{1-x}$O₂ 催化剂催化 CO 氧化的反应动力学进行了研究，并发现介孔 CuO/Ce$_x$Zr$_{1-x}$O₂ 催化剂体系具有高催化性能的根本原因是降低了反应的活化能。这部分工作中，采用相同的方法对介孔 CuO-Fe₂O₃ 复合氧化物催化剂催化 CO 氧化的动力学也进行了研究。

依据如下所示的阿伦尼乌斯公式：

$$\ln k = -E_a/RT + \ln A$$

以 $\ln k$ 对 $1/T$ 作图，可得一条直线。根据直线的斜率即可求出活化能 E_a。

活化能计算数据列在表 4-3 中。从表 4-3 可以看出，介孔 CuO-Fe$_2$O$_3$ 复合氧化物催化剂具有高 CO 氧化催化活性的实质也是：介孔 CuO-Fe$_2$O$_3$ 复合氧化物催化剂降低了 CO 氧化反应的活化能，因此能使 CO 在较低的温度下被活化氧化。其中，300 ℃焙烧的 FeCu15 催化剂的活化能仅为 68.98 kJ/mol，其催化 CO 低温氧化的活性也最高(110 ℃实现原料气体中 CO 完全转化)；这也充分验证了催化剂具有高催化活性的根本原因是其降低了 CO 氧化反应活化能。

表 4-3　　　介孔 CuO-Fe$_2$O$_3$ 复合氧化物催化剂 CO 氧化活化能值

催化剂	焙烧温度/℃	活化能 E_a/(kJ/mol)	一氧化碳完全转化温度 (T_{100})/℃
Fe$_2$O$_3$	300	122.24	270
FeCu10	300	80.13	120
FeCu15	300	68.98	110
FeCu20	300	80.61	115
FeCu25	300	80.84	120
FeCu33	300	83.10	125
FeCu50	300	83.64	125
FeCu15	200	92.62	115
FeCu15	400	83.64	130
FeCu15	500	100.68	210

4.5　本章小结

在本章中，对介孔 CuO-Fe$_2$O$_3$ 复合氧化物催化剂的合成与催化 CO 氧化性能进行了系统研究，综合对催化剂结构的表征和催化活性的测试，得出如下结论：

以阳离子型表面活性剂 CTAB 为结构导向剂，首次采用简单的一步法制备出具有均匀介孔结构、高比表面积和高催化 CO 低温氧化活性的 CuO-Fe$_2$O$_3$ 复合氧化物催化剂。XRD 分析结果表明，介孔 CuO-Fe$_2$O$_3$ 催化剂中 CuO 含量达到 33 mol% 和焙烧温度为 500 ℃时，XRD 谱图中观察到 CuO 特征峰的出现，可能是由 CuO 的过量和高温烧结团聚所引起的。TG-DTA 分析表明，300 ℃焙烧的催化剂中模板剂 CTAB 已经基本完全分解。氮气吸附—脱附和 TEM 分析表明，催化剂具有高的比表面积和蠕虫状的介孔结构且孔径分布范围窄，其颗粒大小为 3~4 nm。TPR 分析结果表明,在 FeCu15 样品中 CuO 以高分散态存在,这对催化剂的高催化活性有利。XPS 分析结果表明,在介孔 CuO-Fe₂O₃ 复合氧化物纳米催化剂中 Fe 以 +3 价存在,Cu 主要以 +2 价存在。

催化剂活性测试结果表明,300 ℃焙烧的 FeCu15 催化剂具有最高的催化活性(CO 在 110 ℃完全转化)。催化活性稳定性测试结果表明,所制备的介孔催化剂在反应 14 h 后仍保持了高的催化 CO 氧化的活性,表明催化剂具有高的稳定性。分析催化剂的结构表征结果和催化活性可以明确地得出结论:CuO 和 α-Fe₂O₃ 之间的强相互作用、CuO 在催化剂表面的高分散、介孔结构、高比表面积和粒径均一的纳米尺寸的粒子都是催化剂具有催化 CO 低温氧化的高活性和高稳定性的重要原因。

与 α-Fe₂O₃ 负载贵金属的催化剂相比,我们所制备的介孔 CuO-Fe₂O₃ 复合氧化物纳米催化剂和 CuO/α-Fe₂O₃ NRs 纳米催化剂催化 CO 低温氧化性能还相对较低;但是其活性要远高于不具有介孔结构的 α-Fe₂O₃ 负载 CuO 催化剂。综合价格和活性因素考虑:该催化剂体系具有极大的进一步研究的价值,并在催化 CO 低温氧化等催化氧化反应中具有潜在的应用前景。

参 考 文 献

[1] SCHWETMANN U,CORNELL R M. Iron Oxides in the Laboratory[M]. New York:WIELY-VCH,2007.

[2] LIN S S,GUROL M D. Catalytic decomposition of hydrogen peroxide on iron oxide:kinetics,mechanism,and implications[J]. Environmental Science & Technology,1998,32(10):1417-1423.

[3] CHEN J,XU L,LI W,et al. α-Fe₂O₃ nanotubes in gas sensor and lithium-ion battery applications[J]. Advanced Materials,2005,17(5):582-586.

[4] Wang Y,Wang S,Zhao Y,et al. H₂S sensing characteristics of Pt-doped α-Fe₂O₃ thick film sensors[J]. Sensors and Actuators B:Chemical,2007,125(1):79-84.

[5] Wang Y,Kong F,ZHU B,et al. Synthesis and characterization of Pd-doped α-Fe₂O₃ H₂S sensor with low power consumption[J]. Materials Science and Engineering:B,2007,140(1):98-102.

[6] ZHENG Y,CHENG Y,WANG Y,et al. Quasicubic α-Fe₂O₃ nanoparticles with excellent catalytic performance[J]. The Journal of Physical Chemistry B,2006,110(7):3093-3097.

[7] TRIPATHI A K,KAMBLE V S,GUPTA N M. Microcalorimetry,adsorption,and reaction studies of CO,O_2,and CO$+O_2$ over Au/Fe_2O_3,Fe_2O_3,and polycrystalline gold catalysts[J]. Journal of Catalysis,1999,187(2):332-342.

[8] KOZLOVA A P,SUIYAMA S,KOZLOV A I,et al. Iron-oxide supported gold catalysts derived from gold-phosphine complex Au(PPh$_3$)(NO$_3$):state and structure of the support[J]. Journal of Catalysis,1998,176(2):426-438.

[9] CHENG T,FANG Z,HU Q,et al. Low-temperature CO oxidation over CuO/Fe_2O_3 catalysts[J]. Catalysis Communications,2007,8(7):1167-1171.

[10] SMIT G. Magnetite and maghemite as gold-supports for catalyzed CO oxidation at low temperature[J]. Croatica Chemica Acta,2003,76(3):269-271.

[11] EL-SHOBAKY H G,FAHMY Y M. Cordierite as catalyst support for nanocrystalline CuO/Fe_2O_3 system[J]. Materials Research Bulletin,2006,41(9):1701-1713.

[12] SHAHEENA W M,ALI A A. Thermal solid-solid interaction and physicochemical properties of CuO-Fe_2O_3 system[J]. International Journal of Inorganic Materials,2001,3(7):1073-1081.

[13] BOELLAARD E,VAN DE SCHEUR F T,VAN DER KRAAN A M,et al. Preparation,reduction,and CO chemisorption properties of cyanide-derived Cu_xFe/Al_2O_3 catalysts[J]. Applied Catalysis A:General,1998,171(2):333-350.

[14] YUAN Z Y,SU B L. Surfactant-assisted nanoparticle assembly of mesoporous β-FeOOH(akaganeite)[J]. Chemical Physics Letters,2003,381(5):710-714.

[15] REN T Z,YUAN Z Y,SU B L. Surfactant-assisted preparation of hollow microspheres of mesoporous TiO_2[J]. Chemical Physics Letters,2003,374(1):170-175.

[16] KHOUDIAKOV M,GUPTA M C,DEEVI S. Au/Fe_2O_3 nanocatalysts for CO oxidation:a comparative study of deposition-precipitation and coprecipitation techniques[J]. Applied Catalysis A:General,2005,291(1):151-161.

[17] MUNTEANU G,ILIEVA L,ANDREEVA D. Kinetic parameters ob-

tained from TPR data for α-Fe$_2$O$_3$ and Au/α-Fe$_2$O$_3$ systems[J]. Thermochimica Acta. ,1997,291(1):171-177.

[18] AVGOUROPOULOS G, IOANNIDES T. Selective CO oxidation over CuO-CeO$_2$ catalysts prepared via the urea-nitrate combustion method[J]. Applied Catalysis A:General,2003,244(1):155-167.

[19] SORESCU M, BRAND R A, MIHAILA-TARABASANU D, et al. The crucial role of particle morphology in the magnetic properties of haematite [J]. Journal of Applied Physics,1999,85(8):5546-5548.

[20] YIN L,WANG Y,PANG G,et al. Sonochemical synthesis of cerium oxide nanoparticles-effect of additives and quantum size effect[J]. Journal of Colloid and Interface Science,2002,246(1):78-84.

第5章　多孔氧化铁纳米棒负载氧化铜催化剂的研究

在上一章的内容中,已经概述了铁氧化物广泛应用价值及其负载贵金属和氧化铜的催化剂在催化尤其是催化氧化中的应用;并制备了 $CuO\text{-}Fe_2O_3$ 复合氧化物纳米催化剂将其应用到催化 CO 低温氧化中,取得了很好的催化效果。众所周知,无机材料的维度和尺寸是其具有众多新颖性能的主要因素,并因此对其的设计制备和应用研究得到了科研工作者的广泛关注[1]。特别的,因为已被证明的量子尺寸效应[2],一维材料(棒、线、管等)被广泛期待在未来的纳米技术研究领域起到重要的作用。一维材料具有独特的电子、光学、磁性和机械性能,并因此在催化、气敏、纳米电子、光电子和生物技术等领域存在着广泛的潜在应用价值[3-7]。近年来,许多一维纳米材料被制备出来,如: MnO_2 、 CuO 、 TiO_x 、 MoO_3 、 PbO_2 、 VO_x 、 ZnO 、 SnO_2 等[8-17]。常用的制备方法包括:水热和溶剂热法、溶胶—凝胶模板法、化学气相沉积法、无机—高分子模板直接合成法、表面活性剂自组装法和电化学法等。

具有不同微纳米结构的 $\alpha\text{-}Fe_2O_3$ 及其负载贵金属和氧化铜的催化剂,尤其是一维纳米棒 $\alpha\text{-}Fe_2O_3$,因为其高活性和稳定性而在 CO 低温氧化领域中得到了广泛的研究[18-22]。因为一维材料独特的尺寸效应和量子效应,结合一维材料的特殊性能和多孔材料的高比表面、促进反应物分子的传质等等优点,尝试制备出具有多孔结构的一维氧化铁并在其表面负载氧化铜纳米颗粒,预期将会取得更高的催化 CO 低温氧化性能。

本章中,我们以阳离子型表面活性剂 CTAB 为结构导向剂,采用简单表面活性剂辅助合成的方法制备出具有多孔结构的 $\alpha\text{-}Fe_2O_3$ 纳米棒。采用沉积—沉淀法在所制备的多孔 $\alpha\text{-}Fe_2O_3$ 纳米棒表面负载活性组分 CuO 制备出负载型催化剂($CuO/\alpha\text{-}Fe_2O_3$ NRs),绝大部分的 CuO 纳米颗粒包埋或半包埋在多孔 $\alpha\text{-}Fe_2O_3$ 纳米棒表面的 5~12 nm 的孔内。将所制备的催化剂应用到催化 CO 低温氧化中。为了研究一维棒状结构及多孔结构对该催化剂材料催化性能的促进作用,采用相同的方法制备出商品 $\alpha\text{-}Fe_2O_3$ 负载 CuO 纳米颗粒的催化剂($CuO/\alpha\text{-}Fe_2O_3\text{-}powder$),并在相同的测试条件下应用到催化 CO 低温氧化中。

5.1　负载型 CuO/Fe₂O₃ 催化剂的制备

5.1.1　多孔 α-Fe₂O₃ 纳米棒的制备

室温下,称取 6 mmol 的 CTAB,溶解到 200 mL 去离子水中,超声分散 15 min。剧烈搅拌下向上面的溶液中加入 10 mmol 的 $Fe(NO_3)_3 \cdot 6H_2O$,继续搅拌 30 min,加入 0.2 M 的 NaOH 溶液到 pH 值为 9.0,磁力搅拌得到的悬浊液 90 ℃老化 3 h,热水洗涤,抽滤,110 ℃干燥 12 h,300 ℃焙烧 5 h,制备出介孔 α-Fe₂O₃ 纳米棒(标记为 α-Fe₂O₃ NRs)。

5.1.2　CuO/α-Fe₂O₃ NRs 纳米催化剂的制备

氧化铁纳米棒负载氧化铜的催化剂 CuO/α-Fe₂O₃ NRs 纳米催化剂通过沉积—沉淀法制备。室温下,将计算量的 $Cu(NO_3)_2 \cdot 3H_2O$ 溶解到去离子水中,向该溶液中加入 1 g 预制的 α-Fe₂O₃ 纳米棒并充分搅拌使其分散均匀。缓慢加入 0.25 M 的 Na_2CO_3 水溶液至溶液的 pH 值为 9.0。继续搅拌所得悬浊液 1 h,过滤,洗涤,80 ℃烘干 4 h,300 ℃焙烧 5 h,制备出不同 CuO 负载量的 CuO/α-Fe₂O₃ NRs 纳米催化剂。为了研究氧化铜的负载量对 CuO/α-Fe₂O₃ NRs 催化剂催化性能的影响,采用相同的制备方法制备出了氧化铜负载量分别为 6 wt.％、8 wt.％、10 wt.％、12 wt.％和 14 wt.％的 CuO/α-Fe₂O₃ NRs 纳米催化剂。

为了对比研究具有多孔棒状结构的 α-Fe₂O₃ 载体对其催化 CO 低温氧化的促进作用,我们采用制备 CuO/α-Fe₂O₃ NRs 纳米催化剂相同的方法,以商品 α-Fe₂O₃ 粉末(比表面积 5 m²/g,粒径约 100 nm)为载体制备了 CuO/α-Fe₂O₃-powder 催化剂。其中,氧化铜的负载量为 10 wt.％。

5.2　α-Fe₂O₃ 纳米棒及其负载 CuO 催化剂的表征

5.2.1　α-Fe₂O₃ 纳米棒及其负载 CuO 催化剂的 XRD 分析

图 5-1 所示为表面活性剂 CTAB 辅助合成法制备的 α-FeOOH (a) 和热处理产物 α-Fe₂O₃(b) 纳米棒的 XRD 谱图。从图 5-1(a)可以看出:表面活性剂 CTAB 自组装合成的样品的 XRD 谱图与 α-FeOOH 的标准谱图谱(JCPDS card No. 81-0463)相一致,表明所合成的样品为正交晶系的 α-FeOOH。经 300 ℃热处理后的 XRD[图 5-1(b)]谱图中,α-FeOOH 相的衍射峰已消失,只有六方相赤

铁矿（α-Fe₂O₃ JCPDS 84-0311）的衍射峰，表明前驱体 α-FeOOH 相已完全转化
为 α-Fe₂O₃，此时得到的是纯相 α-Fe₂O₃ 粉体。

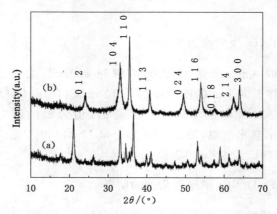

图 5-1　α-FeOOH（a）和 α-Fe₂O₃（b）的 XRD 谱图

　　图 5-2 所示为通过沉积—沉淀法在 300 ℃ 焙烧所获得的 α-Fe₂O₃ 纳米棒载
体上负载 CuO 的 CuO/α-Fe₂O₃ NRs 催化剂的 XRD 谱图。其中活性组分 CuO
的负载量分别为 6 wt. %（a）、8 wt. %（b）、10 wt. %（c）、12 wt. %（d）和
14 wt. %（e）。从图中可以看出，当 CuO 负载量低于 8 wt. % 时样品的 XRD 谱
图中只有表征六方相赤铁矿 α-Fe₂O₃ 的特征衍射峰出现，而没有在 35°～40°的范
围内出现标示 CuO 的特征衍射峰。这说明活性组分氧化铜高分散在多孔 α-
Fe₂O₃ 纳米棒载体的表面或者附着在载体表面的介孔中，并且因为其粒子太小
而不能被常规的 X-射线衍射检测方法检测出来。当 CuO 负载量增大到

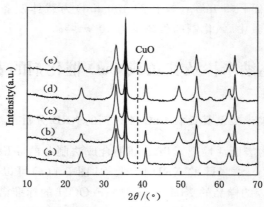

图 5-2　不同氧化铜负载量的 CuO/α-Fe₂O₃ NRs 催化剂的 XRD 谱图

10 wt.％的时候,其对应的 XRD 谱图中在 $2\theta = 38.7°$ 处检测到归结于晶相 CuO 的特征衍射峰,并且该衍射峰随着 CuO 负载量的增大而增强。这一峰强度的变化趋势表明:在高 CuO 负载量的 $CuO/\alpha\text{-}Fe_2O_3$ NRs 纳米催化剂中,过量的 CuO 将导致在 $\alpha\text{-}Fe_2O_3$ 纳米棒载体表面 CuO 颗粒的长大和块体的出现。而大颗粒和块体 CuO 物种的出现将减弱载体与活性组分之间的相互作用,并最终将对该催化剂体系催化 CO 低温氧化的催化性能产生负面的影响。

图 5-3 所示为以商品氧化铁为载体负载不同量活性组分 CuO 的 $CuO/\alpha\text{-}Fe_2O_3\text{-}powder$ 催化剂的 XRD 谱图。从图 5-3 可以看出,在 CuO 负载量为 10 wt.％的催化剂样品的 XRD 谱图中 2θ 值为 38.7°处检测到 CuO 的特征衍射峰,并且当负载量达到 14 wt.％时其峰强度明显增强。这表明随着 CuO 负载量的增加,载体表面活性组分 CuO 发生团聚而形成 CuO 块体,而这过量 CuO 物种的存在也势必将降低该 $CuO/\alpha\text{-}Fe_2O_3\text{-}powder$ 催化剂体系催化 CO 低温氧化的催化性能。

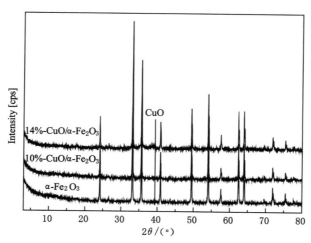

图 5-3　不同 CuO 负载量的 $CuO/\alpha\text{-}Fe_2O_3\text{-}powder$ 催化剂 XRD 谱图

5.2.2　SEM、TEM 分析

为了对所制备的 $\alpha\text{-}Fe_2O_3$ 纳米棒和 $CuO/\alpha\text{-}Fe_2O_3$ NRs 纳米催化剂的形貌和晶体结构进行研究,对样品进行了扫描电镜(SEM)和透射电镜表征(TEM),结果如图 5-4 和图 5-5 所示。图 5-6 所示为根据表征结果而提出的 $\alpha\text{-}Fe_2O_3$ 纳米棒的形成机理图。同时,对商品 $\alpha\text{-}Fe_2O_3$ 负载 CuO 的催化剂也进行了透射电镜表征,结果如图 5-7 所示。

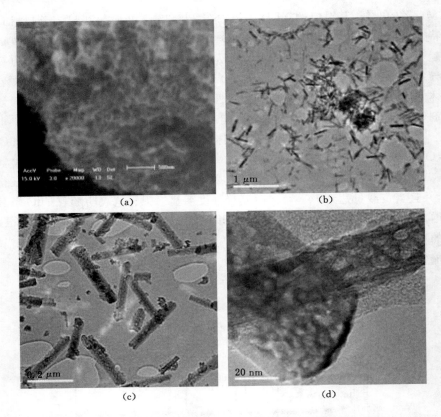

图 5-4　α-Fe₂O₃ 纳米棒的扫描电镜、透射电镜和高倍透射电镜照片

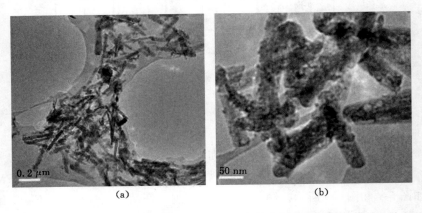

图 5-5　10 wt. %-CuO/α-Fe₂O₃ NRs 纳米催化剂的透射电镜照片

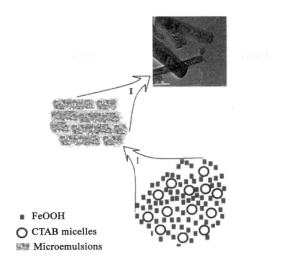

- ■ FeOOH
- ○ CTAB micelles
- ▦ Microemulsions

图 5-6　α-Fe₂O₃ 纳米棒的形成机理

Ⅰ——interfacial microemulsion polymerization；Ⅱ——calcination

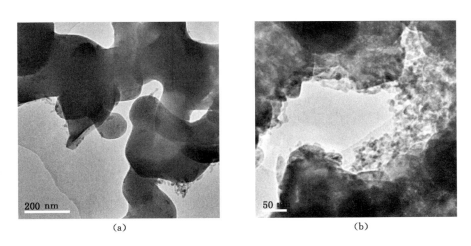

(a)　　　　　　　　　　　　　　　　(b)

图 5-7　10 wt.％-CuO/α-Fe₂O₃-powder 催化剂的透射电镜照片

　　图 5-4 所示为 α-Fe₂O₃ 纳米棒的扫描电镜[图 5-4(a)]、透射电镜[图 5-4(b)、(c)]和高倍透射电镜照片[图 5-4(d)]。从扫描电镜照片中可以清楚地看到：样品由大量的纳米棒组成，纳米棒的长度为 80～300 nm；在样品中只有极少量的颗粒副产物存在。透射电镜[图 5-4(b)、(c)]表征结果进一步确认了均一棒状结构 α-Fe₂O₃ 的成功制备。合成产物中确实只有极少量的纳米颗粒副产物。纳米

棒的直径范围为 $20\sim40$ nm。单一的一个 $\alpha\text{-Fe}_2\text{O}_3$ 纳米棒的高分辨电子显微镜照片[图 5-4(d)]显示:纳米棒状结构的表面较为光滑。通过图 5-4(c)和图 5-4(d)发现,所制备的 $\alpha\text{-Fe}_2\text{O}_3$ 纳米棒具有规整的孔洞结构,孔径大小 $5\sim12$ nm 且彼此独立。这些介孔的形成可能是因为:(1)表面活性剂 CTAB 的结构辅助作用;(2)经过滤和热水洗涤后残留的少量表面活性剂 CTAB 分子的分解;(3)$\alpha\text{-FeOOH}$ 前体中的—OH 的分解。图 5-6 所示为根据上面的分析所假设的 $\alpha\text{-Fe}_2\text{O}_3$ 纳米棒的形成机理图。$\alpha\text{-Fe}_2\text{O}_3$ 纳米棒中互相链接的多孔结构的存在,将使其能够储存更大量的气体分子并将赋予该材料更高的催化应用功能尤其是将增强其在催化氧化中的应用。

图 5-5(a),(b)所示为氧化铜负载量为 10 wt.％的 $CuO/\alpha\text{-Fe}_2\text{O}_3$ NRs 纳米催化剂的透射电镜照片。通过图 5-5 可以看出,负载 CuO 纳米颗粒后 $\alpha\text{-Fe}_2\text{O}_3$ 纳米棒的表面变得十分粗糙。活性组分 CuO 纳米颗粒顺利地附着在 $\alpha\text{-Fe}_2\text{O}_3$ 纳米棒载体的表面,CuO 具有均匀的约 6 nm 的粒径。Zhong 等人[22]制备出了多孔 $\alpha\text{-Fe}_2\text{O}_3$ 纳米棒并在其表面负载超细金颗粒,结果发现:负载超细金纳米颗粒后,多孔 $\alpha\text{-Fe}_2\text{O}_3$ 纳米棒载体的比表面积降低、孔容增大,并认为金纳米颗粒全部或部分地沉积在载体表面的孔内。在工作中,与多孔 $\alpha\text{-Fe}_2\text{O}_3$ 纳米棒载体相比,10 wt.％-$CuO/\alpha\text{-Fe}_2\text{O}_3$ NRs 催化剂的比表面从 151 m^2/g 降至 111 m^2/g,孔容从 0.367 cm^3/g 降至 0.227 cm^3/g。同时,10 wt.％-$CuO/\alpha\text{-Fe}_2\text{O}_3$ NRs 纳米催化剂的孔结构也已经失去了纯态 $\alpha\text{-Fe}_2\text{O}_3$ 纳米棒的规整性。因此,认为 CuO 纳米晶包埋或者半包埋在了载体的孔洞中,这将增强 CuO 纳米晶和多孔 $\alpha\text{-Fe}_2\text{O}_3$ 纳米棒载体的相互作用,并将对该催化剂催化 CO 低温氧化的催化活性产生极大的影响。

图 5-7 所示为 300 ℃焙烧的商品 $\alpha\text{-Fe}_2\text{O}_3$ 载体负载 CuO 催化剂 10％-$CuO/$ $\alpha\text{-Fe}_2\text{O}_3$-powder 的透射电镜照片。从图 5-7(a)可以清晰地看出:$\alpha\text{-Fe}_2\text{O}_3$ 载体颗粒呈现无规则形貌,颗粒尺寸分布很宽:$70\sim200$ nm,活性组分 CuO 高分散在商品 $\alpha\text{-Fe}_2\text{O}_3$ 载体表面,而且 CuO 纳米粒子形状规整、粒径大小范围为 $5\sim10$ nm。从图 5-7(b)可以看出:在局部区域 CuO 纳米颗粒发生较为严重的团聚,这是由载体比表面较低所导致的。

5.2.3　TG-DTA 分析

为了进一步确认少量残留 CTAB 表面活性剂的分解是形成 $\alpha\text{-Fe}_2\text{O}_3$ 纳米棒多孔结构的重要原因之一,对 $\alpha\text{-FeOOH}$ 前驱体进行了热重—差热分析,结果如图 5-8 所示。从图中可以看出:加热过程中,样品经历了两个剧烈的热失重过程。在 $40\sim130$ ℃的第一步 0.522 9 wt.％ 的失重过程归因于物理和化学吸附于表面或介孔结构中的水的脱附。第二步为在 130～350 ℃ 的温度范围内 12.377 1 wt.% 的失重(伴随着差热曲线上 216 ℃ 和 308 ℃ 处的两个放热峰)。这第二步 12.377 1 wt.% 的失重大于由 α-FeOOH 脱水转化为 α-Fe$_2$O$_3$ 引起的失重。结合 XRD 分析结果可知:该温度范围的热失重应该是由结构水的脱除和残留的少量表面活性剂 CTAB 的分解共同产生的。约 300 ℃ 后 α-FeOOH 前驱体失重完全,表明该温度下样品中的 C 物种已被完全移除。第二步的热分解失重过程进一步证明:表面活性剂 CTAB 分子和—OH 的分解是形成 α-Fe$_2$O$_3$ 纳米棒多孔结构的重要原因,这和 TEM 表征的结果相一致。

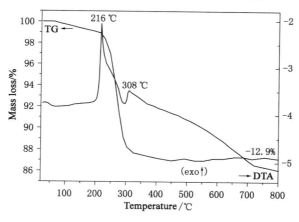

图 5-8　α-FeOOH 的热重—差热曲线

5.2.4　N$_2$-sorption 分析

为了进一步研究 α-Fe$_2$O$_3$ 纳米棒的多孔性,我们通过氮气吸附—脱附测试了其比表面积和孔分布情况,结果如图 5-9 所示。图 5-9(a)为 α-Fe$_2$O$_3$ 纳米棒的氮气吸附—脱附等温曲线,该曲线呈现出Ⅲ型等温线(根据 IUPAC 分类)的特征,而且吸附—脱附等温线呈现出自由的单层—多层吸附,表明该样品的孔和空隙与表面相连通。α-Fe$_2$O$_3$ 纳米棒呈现出规整的 H3 型滞后环,表明所得样品包含由棒状颗粒堆积所形成的狭缝状的孔结构。图 5-9(b)为采用 NLDFT 法计算得出的 α-Fe$_2$O$_3$ 纳米棒的孔径分布曲线。该曲线表明样品的孔分布范围较宽,但最可几孔径为 5 nm 左右。这一测试结果与 TEM 观测到的材料表面孔大小相一致。由多点 BET 法计算得出,该多孔 α-Fe$_2$O$_3$ 纳米棒材料的比表面积高达 151 m^2/g(结果列在表 5-1 中)。

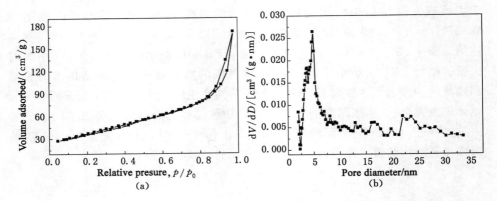

图 5-9　α-Fe$_2$O$_3$ 纳米棒的氮气吸附—脱附等温线（a）和孔径分布曲线（b）

表 5-1　　　多孔 α-Fe$_2$O$_3$ 纳米棒载体和不同氧化铜负载量的
催化剂的比表面积和催化活性数据

催化剂	比表面积[a]/(m^2/g)	一氧化碳完全转化温度(T_{100})/℃
α-Fe$_2$O$_3$ nanorods	151	270
α-Fe$_2$O$_3$ powder	6	320
6％CuO/α-Fe$_2$O$_3$ NRs	113	130
8％CuO/α-Fe$_2$O$_3$ NRs	115	120
10％CuO/α-Fe$_2$O$_3$ NRs	111	100
12％CuO/α-Fe$_2$O$_3$ NRs	97	105
14％CuO/α-Fe$_2$O$_3$ NRs	88	115
10％ CuO/α-Fe$_2$O$_3$ powder	14	145

[a] calculated by BET method，[b] 100％ CO conversion temperature.

5.3　催化一氧化碳低温氧化性能

在对所制备的催化剂进行结构表征后，将其应用到催化 CO 低温氧化中去以考察其催化性能。图 5-10、图 5-11 和图 5-12 给出了不同 CuO 负载量的 CuO/α-Fe$_2$O$_3$ NRs 和 CuO/α-Fe$_2$O$_3$-powder 纳米催化剂催化 CO 低温氧化的 CO 转化率随反应温度变化的曲线。为了进行对比，同时给出了纯态多孔 α-Fe$_2$O$_3$ 纳米棒和商品 α-Fe$_2$O$_3$ 的催化活性测试结果。结果显示：所有催化剂的催化活性都随着在催化剂所在床层测出的反应温度的升高而提高。一氧化碳 100％转化的反应温度(T_{100})列在表 5-1 中。

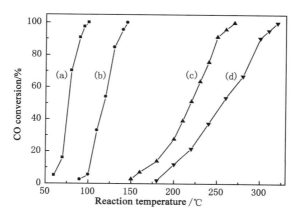

图 5-10　不同氧化铁载体及其负载 CuO 的 CuO/α-Fe₂O₃ 催化剂催化 CO 低温氧化性能

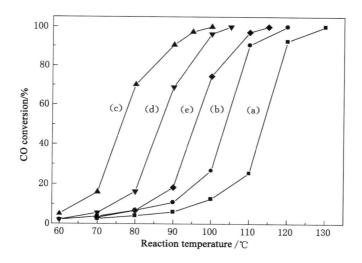

图 5-11　不同氧化铜负载量的 CuO/α-Fe₂O₃ NRs 纳米催化剂催化 CO 低温氧化性能

图 5-10 所示为多孔 α-Fe₂O₃ 纳米棒、10 wt.％-CuO/α-Fe₂O₃ NRs 催化剂和商品 α-Fe₂O₃ 载体、10 wt.％-CuO/α-Fe₂O₃-powder 催化剂催化 CO 低温氧化的 CO 转化率随反应温度变化的曲线。从图中可以看出，多孔 α-Fe₂O₃ 纳米棒载体在 270 ℃实现 CO 完全转化，而商品 α-Fe₂O₃ 粉末载体催化 CO 完全氧化的温度为 320 ℃。同时，所制备的多孔 α-Fe₂O₃ 纳米棒的催化 CO 低温氧化性能要比以前文献中报道的 α-Fe₂O₃ 纳米催化剂的性能要高得多（T_{100}＝350 ℃，320 ℃和310℃）。众所周知，纳米催化剂的高比表面积能促进形成更多非饱和配位点暴露给反应物气体分子，并且相互连通孔道结构能够储存更多的气体分子。而且，

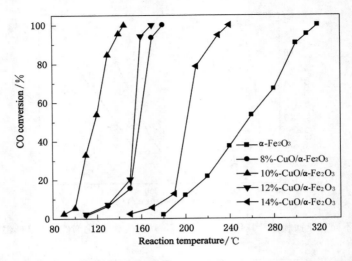

图 5-12　商品氧化铁负载不同量 CuO 的 CuO/α-Fe₂O₃-powder 催化剂 CO 氧化活性

高比表面积将在焙烧等处理时促进活性组分纳米颗粒在载体表面的高分散并提高其稳定性。因此,所制备的多孔 α-Fe₂O₃ 纳米棒在催化 CO 低温氧化中所表现出的优秀催化性能,正是其高比表面积和多孔结构共同作用的结果。对比 α-Fe₂O₃ 载体和负载 CuO 后的负载型催化剂可知,负载 CuO 后所有催化剂的催化性能均得到了大幅的提升。这表明活性组分 CuO 和 α-Fe₂O₃ 载体之间存在强相互作用并最终促进该催化剂体系的催化性能。其中,以多孔 α-Fe₂O₃ 纳米棒为载体负载 CuO 纳米催化剂的催化活性明显高于商品 α-Fe₂O₃ 负载 CuO 的催化剂。

　　前面的 XRD 和 TEM 表征结果已经证明:活性组分 CuO 纳米晶部分地包埋在多孔 α-Fe₂O₃ 纳米棒载体的介孔孔道内。为了寻找最合适的 CuO 的负载量,本部分工作中开展了不同 CuO 负载量对该催化剂体系催化 CO 低温氧化性能影响的研究,结果如图 5-11 所示。从图中可以看出:随着 CuO 的负载量从 0 wt. ％到 10 wt. ％的增加,其催化活性也得到明显的提高,其中,CuO 负载量为 10 wt. ％的 CuO/α-Fe₂O₃ NRs 纳米催化剂具有最高的催化活性(在 100℃实现原料气体中 CO 的 100％氧化)。然而,继续增大 CuO 负载量将导致催化活性的降低。结果表明:高负载量时过量的 CuO 不但会导致其颗粒的增大,而且会覆盖部分的活性位(与 XRD 表征结果一致)。此外,过量的 CuO 物种将会堵塞多孔 α-Fe₂O₃ 纳米棒载体的孔道并因此导致比表面的降低,并最终导致其催化活性的降低(与氮气吸附—脱附分析结果相一致)。

　　不同 CuO 负载量的 CuO/α-Fe₂O₃-powder 催化剂催化 CO 低温氧化反应的 CO 转化率随反应温度变化的曲线见图 5-12。从图 5-12 可以看出:所有催化剂的催化活性均随反应温度的升高而提高。纯的商品 α-Fe$_2$O$_3$ 载体活性很低（如图 5-10 所示，在 320 ℃ 实现 CO 的完全转化），纯的 CuO 在相同测试条件下活性也很低（没有在图 5-12 中给出）。而所有的负载 CuO 的负载型 CuO/α-Fe$_2$O$_3$-powder 催化剂均具有较高的催化活性，这说明在载体 α-Fe$_2$O$_3$ 和活性组分 CuO 之间存在着强烈的相互作用，而这种强相互作用对该催化剂体系催化 CO 低温氧化具有明显的影响。其中，CuO 负载量为 10 wt.％ 的 CuO/α-Fe$_2$O$_3$-powder 催化剂具有最高的催化活性，能在 145 ℃ 实现原料气体中 CO 的完全氧化。以上活性测试结果表明，高分散在商品 α-Fe$_2$O$_3$ 载体上的 CuO 物种对催化活性起到积极的影响；而因 CuO 负载量的增加而导致的 CuO 颗粒团聚长大会降低该催化剂体系催化 CO 低温氧化的催化性能。

5.4　负载型 CuO/Fe$_2$O$_3$ 催化剂 CO 氧化活性机理研究

5.4.1　H$_2$-TPR 分析

图 5-13 所示为 300 ℃ 焙烧制备的多孔 α-Fe$_2$O$_3$ 纳米棒和商品 α-Fe$_2$O$_3$ 粉体负载 CuO 的 10％-CuO/α-Fe$_2$O$_3$ 催化剂的 H$_2$-TPR 谱图。在前面的工作中对 α-Fe$_2$O$_3$ 的还原特征进行过详细的研究[23]：纯 Fe$_2$O$_3$ 从 200 ℃ 开始还原，在 358、550 和 750 ℃ 处出现三个还原峰。358 ℃ 处的峰对应 Fe$_2$O$_3$ 到磁铁矿 Fe$_3$O$_4$ 的还原，具有大的氢气消耗量的 550 ℃ 和 750 ℃ 处的宽峰对应磁铁矿 Fe$_3$O$_4$ 到 FeO 和 Fe 的两步还原。而且纯的 CuO 只在 350 ℃ 附近出现一个还原峰。从图

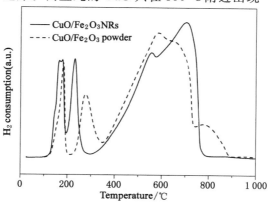

图 5-13　10 wt.％-CuO/α-Fe$_2$O$_3$ NRs 和 10 wt.％-CuO/α-Fe$_2$O$_3$-powder 催化剂 H$_2$-TPR 谱图

5-13 可以看出,本工作中所制备的 CuO/α-Fe$_2$O$_3$ NRs 催化剂在约 171、231、556 和 705 ℃处存在 4 个还原峰。对其分别进行归属如下:171 ℃处还原峰,与 α-Fe$_2$O$_3$ 载体存在强相互作用的高分散态 CuO 的还原过程;231 ℃处还原峰,与 α-Fe$_2$O$_3$ 载体作用较弱的较大颗粒 CuO 的还原或者从 Fe$_2$O$_3$ 到磁铁矿 Fe$_3$O$_4$ 的还原过程;556 和 705 ℃的还原峰对应磁铁矿 Fe$_3$O$_4$ 到 FeO 和 Fe 的两步还原过程。在 CuO/α-Fe$_2$O$_3$-powder 催化剂的 H$_2$-TPR 谱图中:该四个还原峰分别出现在约 183、276、585 和 780 ℃处,该 H$_2$ 还原曲线与 CuO/α-Fe$_2$O$_3$ NRs 催化剂样品的还原曲线对比,各个还原峰的还原温度都明显更高。通过与纯 CuO 的还原温度进行对比可知,活性组分 CuO 和载体多孔 α-Fe$_2$O$_3$ 纳米棒之间存在更强的相互作用,载体 α-Fe$_2$O$_3$ 促进了活性组分 CuO 的还原。

5.4.2 XPS 分析

为了阐明 CuO/α-Fe$_2$O$_3$ 催化剂表面的阳离子和阴离子的化学状态方面的详细信息,并进一步确认 CuO 纳米晶和 α-Fe$_2$O$_3$ 纳米棒载体之间的强相互作用,对 10 wt.%-CuO/α-Fe$_2$O$_3$ NRs 和 10 wt.%-CuO/α-Fe$_2$O$_3$-powder 催化剂分别进行了 XPS 表征,结果如图 5-14 所示。

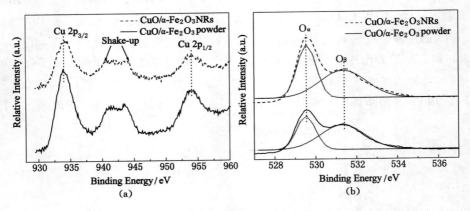

图 5-14　CuO/α-Fe$_2$O$_3$ NRs 催化剂的 Cu 2p(a) 和 O 1s (b) XPS 谱图

图 5-14(a)所示为 Cu 2p 的高分辨 XPS 谱图,从图中可以看出:在结合能为 954.1 eV 和 933.9 eV 处出现分别对应于 Cu 2p$_{1/2}$ 和 Cu 2p$_{3/2}$ 的两个峰。文献中报道[18],XPS 谱图中震激峰和高结合能 Cu 2p$_{3/2}$ 峰的出现标示 CuO 物种在催化剂表面的存在。本工作中,Cu 2p$_{3/2}$ 峰出现在较高的电子结合能 933.9 eV 处并伴随着 940~944.5 eV 处震激峰的出现,表明在 α-Fe$_2$O$_3$ 负载 CuO 催化剂表面铜物种以+2 价 Cu 离子的形式出现。此外,CuO/α-Fe$_2$O$_3$-powder 催化剂的

Cu 2p谱图中其 Cu $2p_{1/2}$ 和 Cu $2p_{3/2}$ 两个峰的强度明显高于 CuO/α-Fe$_2$O$_3$ NRs 催化剂,揭示了商品 α-Fe$_2$O$_3$ 载体表面对 CO 氧化无活性的 CuO 纳米颗粒的团聚并形成较大颗粒或者生成 CuO 块体。从 O 1s 谱图[图 5-14(b)]中,可以看到两种不同氧物种的存在。结合能为 529.5 eV 处的 O 1s 峰表征晶格氧"O^{2-}"的存在;结合能为 531.4 eV 处的 O 1s 峰可以归属为具有低配位环境和低电子浓度的氧离子的离子化,记作"O^-"物种。对应于 10 wt.%-CuO/α-Fe$_2$O$_3$ NRs 和 10 wt.%-CuO/α-Fe$_2$O$_3$-powder 催化剂的"O^{2-}"的浓度(O^{2-}/O^{2-} + O^-)分别为 44.4% 和 36.7%,这一现象和 H$_2$-TPR 表征结果相吻合。

5.4.3　CO 氧化催化剂活性位探讨

文献报道[24,25]:在催化 CO 氧化反应中,CO 在催化剂上发生反应的起始温度和其 H$_2$-TPR 还原曲线中 CuO 开始还原的温度紧密相关。在将 α-Fe$_2$O$_3$ 纳米棒和商品 α-Fe$_2$O$_3$ 负载 CuO 催化剂的 H$_2$-TPR 对比研究中,10 wt.%-CuO/α-Fe$_2$O$_3$ NRs 纳米催化剂中铜物种的第一个还原峰出现的温度为 165 ℃(低于 10 wt.%-CuO/α-Fe$_2$O$_3$-powder 催化剂中第一还原峰温度 182 ℃),而其在催化 CO 氧化中的起燃点也要远低于 10 wt.%-CuO/α-Fe$_2$O$_3$-powder 催化剂的 CO 起燃点。这说明 CuO 物种在催化 CO 低温氧化中起到重要的作用,其催化 CO 低温氧化步骤如反应式(5-1)和(5-2)所示。同时研究 H$_2$-TPR 曲线还可以看出,两个催化剂中铜物种所对应的第二还原峰温度分别为 230 ℃ 和 277 ℃,10 wt.%-CuO/α-Fe$_2$O$_3$ NRs 纳米催化剂中铜物种的第二还原峰出现的温度更低且其面积远大于 10 wt.%-CuO/α-Fe$_2$O$_3$-powder 催化剂中的第二还原峰面积(该峰所对应的为 Cu$_2$O 物种的还原过程),说明在 α-Fe$_2$O$_3$ 纳米棒负载 CuO 催化剂中存在更多的 Cu$_2$O 物种,而且两个催化剂上反应气体中 CO 完全转化的温度有着明显的差别(分别为 100 ℃ 和 145 ℃)。所有这一切表明:在该催化 CO 低温氧化催化剂中对催化活性起到最关键作用的是 Cu$_2$O 物种的存在,也即是说 Cu$_2$O 物种才是该催化剂体系 CO 低温氧化的最终活性位,其所遵循的反应步骤如反应式(5-3)和(5-4)所示。

$$2CuO + CO \longrightarrow Cu_2O + CO_2 \tag{5-1}$$

$$1/2O_{2(ads)} + Cu_2O \longrightarrow 2CuO \tag{5-2}$$

$$Cu_2O + CO \longrightarrow 2Cu + CO_2 \tag{5-3}$$

$$1/2O_{2(ads)} + 2Cu \longrightarrow Cu_2O \tag{5-4}$$

许多的研究结果(包括我们前面的研究结果)证明[26-29],CO 氧化反应是一个结构敏感过程,也就是说载体的结构及优良的储氧释氧能力都能促进催化剂催化 CO 低温氧化性能的提高。通过图 5-14 所示的 XPS 表征结果可以看出,在

10 wt. %-CuO/α-Fe$_2$O$_3$NRs 纳米催化剂中比在 10 wt. %-CuO/α-Fe$_2$O$_3$-powder 催化剂中存在更多的吸附氧物种,说明 α-Fe$_2$O$_3$纳米棒具有更强的氧存储能力,能更好地提供反应式(5-2)和(5-4)中所需的活性 O$_2$物种。综合前面由 H$_2$-TPR 分析得出的催化剂活性物种为 Cu$_2$O 以及对吸附活性氧物种的分析,我们认为在该多孔 α-Fe$_2$O$_3$纳米棒载体表面负载 CuO 催化剂上发生 CO 低温氧化的反应过程如图 5-15 所示。反应原料中的 O$_2$吸附在载体和活性组分铜物种界面的氧缺陷位上得到活性吸附氧物种,再和吸附的原料气体中的 CO 反应,最后发生氧化反应并生成 CO$_2$。

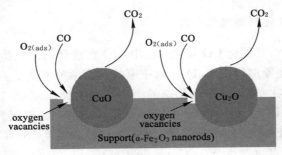

图 5-15　CuO/α-Fe$_2$O$_3$NRs 纳米催化剂中 CO 氧化示意图

5.4.4　负载型 CuO/Fe$_2$O$_3$催化剂催化 CO 氧化反应动力学研究

采用与第 1 节中动力学研究相同的方法,我们对多孔 CuO/α-Fe$_2$O$_3$NRs 纳米催化剂催化 CO 氧化的反应动力学进行了研究,不同催化剂上发生反应的活化能计算数据列在表 5-2 中。从表 5-2 可以看出,多孔 CuO/α-Fe$_2$O$_3$NRs 纳米催化剂具有高 CO 氧化催化活性的实质是其降低了 CO 氧化反应的活化能。并且,结合催化剂催化 CO 氧化反应 CO 转化率随反应温度变化曲线可知,该反应为对温度敏感的反应。

表 5-2　　　　　　　　　CuO/α-Fe$_2$O$_3$纳米催化剂 CO 氧化活化能值

催化剂	活化能(E_a)/(kJ/mol)	一氧化碳完全转化温度(T_{100})/℃
α-Fe$_2$O$_3$ nanorods	122.24	270
Commercial α-Fe$_2$O$_3$ powder	127.46	320
10%-CuO/α-Fe$_2$O$_3$NRs	80.56	100
10%-CuO/α-Fe$_2$O$_3$ powder	92.60	145

5.5　本章小结

在本章中,对多孔 α-Fe_2O_3 纳米棒及其负载氧化铜的 CuO/α-Fe_2O_3 NRs 纳米催化剂进行研究,综合对催化剂结构的表征和催化活性的测试,得出如下结论:

首次采用表面活性剂 CTAB 辅助合成法制备出具有多孔结构的 α-Fe_2O_3 纳米棒,并采用沉积—沉淀法在其表面负载 CuO 纳米颗粒,制备出多孔 CuO/α-Fe_2O_3 NRs 纳米催化剂。XRD 分析结果表明:采用该方法制备出的铁化合物前驱体为正交晶系的 α-FeOOH。经 300 ℃ 热处理得到的为纯六方相赤铁矿,且负载 CuO 后的 CuO/α-Fe_2O_3 NRs 纳米催化剂保持了载体的赤铁矿晶相。当 CuO 负载量低于 10 wt.% 时未检测到 CuO 相的特征衍射峰,表明活性组分在载体表面实现了高分散。扫描电镜和透射电镜分析表明,所制备的 α-Fe_2O_3 具有规整的一维棒状结构,纳米棒的尺寸为长度 80~300 nm、直径 20~40 nm,而且棒状 α-Fe_2O_3 具有均匀分散的孔洞结构。负载 CuO 后其表面变得不再光滑但仍保持了多孔棒状结构。氮气吸附—脱附分析表明,催化剂具有高的比表面积,且其介孔孔径均一。TPR 分析结果表明,在 CuO/α-Fe_2O_3 NRs 纳米催化剂中 CuO 高分散在载体表面且其与载体 α-Fe_2O_3 纳米棒具有强烈的相互作用。XPS 分析结果表明,在该催化剂体系中 Cu 主要以 +2 价存在。

催化剂活性测试结果表明,CuO/α-Fe_2O_3 NRs 纳米催化剂的 CuO 负载量对其催化性能具有重要的影响。其中 8 wt.%-CuO/α-Fe_2O_3 NRs 催化剂具有最高的催化活性(原料气体中的 CO 在 100 ℃ 完全转化)。高比表面积、多孔性、一维棒状结构和高分散态 CuO 纳米粒子都是催化剂具有高的催化 CO 低温氧化活性的重要因素。催化剂活性位研究结果表明:Cu_2O 为该催化剂提供 CO 氧化活性位。在对其活性位进行研究的基础上,初步提出了该催化剂表面发生 CO 低温氧化的催化过程。

与 α-Fe_2O_3 负载贵金属的催化剂相比,我们所制备的介孔 CuO-Fe_2O_3 复合氧化物纳米催化剂和 CuO/α-Fe_2O_3 NRs 纳米催化剂催化 CO 低温氧化性能还相对较低;但是其活性要远高于不具有介孔结构的 α-Fe_2O_3 负载 CuO 催化剂。综合价格和活性因素考虑:该催化剂体系具有极大的进一步研究的价值,并在催化 CO 低温氧化等催化氧化反应中具有潜在的应用前景。

参 考 文 献

[1] HU J, ODOM T W, LIEBER C M. Chemistry and physics in one dimen-

sion:synthesis and properties of nanowires and nanotubes[J]. Accounts of chemical research,1999,32(5):435-445.

[2] MA D D D,LEE C S,AU F C K,et al. Small-diameter silicon nanowire surfaces[J]. Science,2003,299(5614):1874-1877.

[3] ALIVISATOS P,BARBARA P F,CASTLEMAN A W,et al. From molecules to materials:Current trends and future directions[J]. Advanced Materials,1998,10(16):1297-1336.

[4] XIA Y,YANG P,SUN Y,et al. One-Dimensional Nanostructures:Synthesis, Characterization, and Applications [J]. Advanced Materials, 2003, 15(5):353-389.

[5] DUAN X,HUANG Y,CUI Y,et al. Indium phosphide nanowires as building blocks for nanoscale electronic and optoelectronic devices[J]. Nature, 2001,409(6816):66-69.

[6] LIANG S,TENG F,BULGAN G,et al. Effect of phase structure of MnO_2 nanorod catalyst on the activity for CO oxidation[J]. The Journal of Physical Chemistry C,2008,112(14):5307-5315.

[7] CHEN J,XU L,LI W,et al. α-Fe_2O_3 Nanotubes in Gas Sensor and Lithium-Ion Battery Applications [J]. Advanced Materials, 2005, 17 (5): 582-286.

[8] YUAN Z Y,REN T Z,DU G,et al. A facile preparation of single-crystalline alpha-Mn_2O_3 nanorods by ammonia-hydrothermal treatment of MnO_2 [J]. Chemical Physics Letters,2004,389(1-3):83-86.

[9] WOO K,LEE H J,AHN J P,et al. Sol-gel mediated synthesis of Fe_2O_3 nanorods[J]. Advanced Materials,2003,15(20):1761-1764.

[10] WANG X,CHEN X,GAO L,et al. Synthesis of β-FeOOH and α-Fe_2O_3 nanorods and electrochemical properties of β-FeOOH[J]. Journal of Materials Chemistry,2004,14(5):905-907.

[11] TANG B,WANG G,ZHUO L,et al. Facile route to α-FeOOH and α-Fe_2O_3 nanorods and magnetic property of α-Fe_2O_3 nanorods[J]. Inorganic Chemistry,2006,45(13):5196-5200.

[12] VANTOMME A,YUAN Z Y,DU G,et al. Surfactant-assisted large-scale preparation of crystalline CeO_2 nanorods [J]. Langmuir, 2005, 21(3): 1132-1135.

[13] HUANG P X,WU F,ZHU B L,et al. CeO_2 nanorods and gold nanocrys-

tals supported on CeO$_2$ nanorods as catalyst[J]. The Journal of Physical Chemistry B,2005,109(41):19169-19174.

[14] ZHANG D,FU H,SHI L,et al. Synthesis of CeO$_2$ nanorods via ultrasonication assisted by polyethylene glycol[J]. Inorganic Chemistry, 2007, 46(7):2446-2451.

[15] PAN Z W,DAI Z R,WANG Z L. Nanobelts of semiconducting oxides[J]. Science,2001,291(5510):1947-1949.

[16] GUO C,CAO M,HU C. A novel and low-temperature hydrothermal synthesis of SnO$_2$ nanorods[J]. Inorganic Chemistry Communications,2004,7 (7):929-931.

[17] HUANG M H,MAO S,FEICK H,et al. Room-temperature ultraviolet nanowire nanolasers[J]. Science,2001,292(5523):1897-1899.

[18] HARUTA M,YAMADA N,KOBAYASHI T,et al. Gold catalysts prepared by coprecipitation for low-temperature oxidation of hydrogen and of carbon monoxide[J]. Journal of Catalysis,1989,115(2):301-309.

[19] HARUTA M,TSUBOTA S,KOBAYASHI T,et al. Low-temperature oxidation of CO over gold supported on TiO$_2$,α-Fe$_2$O$_3$,and Co$_3$O$_4$[J]. Journal of Catalysis,1993,144(1):175-192.

[20] HUTCHINGS G J,HALL M S,CARLEY A F,et al. Role of gold cations in the oxidation of carbon monoxide catalyzed by iron oxide-supported gold[J]. Journal of Catalysis,2006,242(1):71-81.

[21] AL-SAYARI S,CARLEY A F,TAYLOR S H,et al. Au/ZnO and Au/ Fe$_2$O$_3$ catalysts for CO oxidation at ambient temperature:comments on the effect of synthesis conditions on the preparation of high activity catalysts prepared by coprecipitation[J]. Topics in Catalysis,2007,44(1-2): 123-128.

[22] ZHONG Z,HO J,TEO J,et al. Synthesis of porous α-Fe$_2$O$_3$ nanorods and deposition of very small gold particles in the pores for catalytic oxidation of CO[J]. Chemistry of Materials,2007,19(19):4776-4782.

[23] CAO J L,WANG Y,YU X L,et al. Mesoporous CuO-Fe$_2$O$_3$ composite catalysts for low-temperature carbon monoxide oxidation[J]. Applied Catalysis B:Environmental,2008,79(1):26-34.

[24] AVGOUROPOULOS G,IOANNIDES T. Selective CO oxidation over CuO-CeO$_2$ catalysts prepared via the urea-nitrate combustion method[J].

Applied Catalysis A:General,2003,244(1):155-167.

[25] NAGASE K,ZHENG Y,KODAMA Y,et al. Dynamic study of the oxidation state of copper in the course of carbon monoxide oxidation over powdered CuO and Cu_2O[J]. Journal of Catalysis,1999,187(1):123-130.

[26] HUANG T J,TSAI D H. CO oxidation behavior of copper and copper oxides[J]. Catalysis Letters,2003,87(3):173-178.

[27] CHO B K. Chemical modification of catalyst support for enhancement of transient catalytic activity:nitric oxide reduction by carbon monoxide over rhodium[J]. Journal of Catalysis,1991,131(1):74-87.

[28] PU Z Y,LIU X S,JIA A P,et al. Enhanced activity for CO oxidation over Pr-and Cu-doped CeO_2 catalysts:effect of oxygen vacancies[J]. The Journal of Physical Chemistry C,2008,112(38):15045-15051.

[29] KANG M,SONG M W,LEE C H. Catalytic carbon monoxide oxidation over CoO_x/CeO_2 composite catalysts[J]. Applied Catalysis A:General,2003,251(1):143-156.

第 6 章　多级孔二氧化钛负载氧化铜纳米催化剂的制备、表征和催化性能研究

　　二氧化钛因其优异的光催化性能及在催化剂载体、太阳能电极电池等方面的应用前景,一直以来就是科研领域研究的热点。关于二氧化钛的研究始于 20 世纪 70 年代,Fujishima[1]发现在二氧化钛电极表面可以发生光催化分解水的反应,并将其研究结果发表在 *Nature* 杂志上。自此以后,关于二氧化钛的研究成为科研界争相研究开发的焦点,其在能源储存、能量转化、催化和光解有机污染物清洁环境等很多领域都展示了良好的应用前景。近年来,以二氧化钛为载体负载贵金属和氧化铜制备出催化氧化催化剂的研究非常广泛。但是,以二氧化钛为骨架的介孔材料的制备大都以表面活性剂为模板剂,脱除模板剂后,孔道结构往往会被破坏而塌陷,表面活性剂的残留还会使介孔二氧化钛的催化活性中心中毒,影响其催化性能[2-8]。

　　前面的工作中,分别制备了介孔 Ce-Zr-O 和介孔 α-Fe₂O₃ 及其负载 CuO 催化剂在催化 CO 低温氧化中的应用。近年来,将大孔结构引入到介孔结构材料中的研究得到了广泛的关注。因为相比仅具有单一孔道结构的材料,分级孔材料不但更有利于反应物分子的传质作用,还能保持高比表面和一定的孔道尺寸[9]。此外,在作为催化剂载体和催化剂应用的时候,具有大孔—介孔分级孔结构的金属氧化物材料可以有效增强反应物和产物分子的扩散、减少传质阻力并最终提高催化活性。课题组前期的研究表明[10],与仅具有单一孔结构的材料相比,具有大孔—介孔分级孔结构的材料由于其具有更强的传质能力并保持了高比表面而具有更加优异的性能。Blin 等人[11]制备了具有大孔—介孔分级孔结构的金属氧化物负载 Pd 的催化剂,其在催化甲苯和氯苯完全氧化中表现出了优异的性能,其中二氧化钛负载 Pd 的催化剂 Pd/TiO₂ 具有最高的活性。Huang 等人[12]制备了二氧化钛负载氧化铜的催化剂 CuO/TiO₂ 并将其应用到催化 CO 氧化中,其表现出了高催化活性。但是,到目前为止,以分级孔二氧化钛为载体负载过渡金属氧化物氧化铜制备分级孔催化剂的研究未见报道。

　　本章中,采用无模板自组装的方法以钛酸丁酯为原料,在酸性条件下水解制备出具有大孔—介孔分级孔结构的二氧化钛载体(MMTD)。而后以所制备的分级孔二氧化钛为载体,采用沉积—沉淀法制备了负载氧化铜的 CuO/MMTD

纳米催化剂。所合成的催化剂保持了载体的分级孔结构、高比表面积的特点，并且活性组分纳米氧化铜高分散在载体表面。大孔—介孔分级孔结构、高比表面积和纳米尺度的粒子能促进反应物分子 CO 的传质并能提供更多的活性位从而提高其催化 CO 低温氧化的反应活性。

6.1　大孔—介孔多级孔二氧化钛负载氧化铜纳米催化剂的制备

6.1.1　大孔—介孔二氧化钛的制备

室温下，将 10 mL 钛酸丁酯逐滴加入到 100 mL pH＝2 的硫酸水溶液中，并在慢速搅拌下水解完全。将混合溶液转移到水热釜中并在 60 ℃老化 48 h，过滤，去离子水洗涤，60 ℃烘干，制备出具有大孔—介孔结构的 TiO₂ 载体（书中记作 MMTD）。

6.1.2　大孔—介孔二氧化钛负载 CuO/MMTD 催化剂的制备

CuO/MMTD 纳米催化剂通过沉积—沉淀法制备。室温下，按照 CuO 为 8 wt.％的负载量将计算量的 $Cu(NO_3)_2 \cdot 3H_2O$ 溶解到去离子水中，向该溶液中加入 1 g 预制的分级孔 TiO_2 并充分搅拌使其分散均匀。缓慢加入 0.25 M 的 Na_2CO_3 水溶液至溶液的 pH 值为 9.0。继续搅拌所得悬浊液 1 h，过滤，洗涤，80 ℃烘干 4 h，400 ℃焙烧 3 h，制备出 CuO 负载量为 8 wt.％的具有大孔—介孔多级孔结构的 CuO/MMTD 纳米催化剂。为了研究氧化铜的负载量对 CuO/MMTD 催化剂性能的影响，采用相同的制备方法制备出了氧化铜负载量分别为 4 wt.％、6 wt.％、10 wt.％和 12 wt.％的 CuO/MMTD 纳米催化剂。为了研究焙烧温度对催化剂催化性能的影响，采用相同的制备方法分别对 8 wt.％-CuO/MMTD 催化剂进行 200 ℃、300 ℃、500 ℃和 600 ℃焙烧，制备了不同焙烧温度的 8 wt.％-CuO/MMTD 纳米催化剂。

为了具体研究载体的分级孔结构对该催化剂体系催化性能的影响，采用相同的沉积—沉淀法分别制备了以商品二氧化钛和仅具有介孔结构的二氧化钛为载体负载 CuO 的催化剂，分别记作 CuO/commercial-TiO₂ 和 CuO/MP-TiO₂，并在相同的催化性能测试条件下，考察其催化 CO 低温氧化的催化性能。

6.2　大孔—介孔多级孔二氧化钛负载氧化铜纳米催化剂的表征

6.2.1　XRD 分析

图 6-1 所示为采用无模板自组装的方法制备的具有介孔—大孔多级孔结构的 TiO_2（记为 MMTD）载体和 400 ℃焙烧的不同氧化铜负载量的 CuO/MMTD 纳米催化剂的 XRD 谱图。从图 6-1 可以看出,合成的二氧化钛产品具有双晶结构,以锐钛矿为主并含有少量板钛矿晶相,经 400 ℃焙烧后其衍射峰强度明显变强。负载氧化铜后样品保持了这一双晶结构,随着氧化铜负载量的增加二氧化钛衍射峰的强度略微变弱。采用 Scherrer 公式计算的结果可知:二氧化钛平均粒径相应的变小。这可能是因为高分散在 MMTD 载体表面的活性组分 CuO 纳米颗粒和载体 MMTD 之间存在强相互作用,即 CuO 纳米颗粒的负载能在一定程度上阻止 MMTD 颗粒的长大。这与 Idakiev 等人[13]所报道的结果相一致:载体在负载纳米尺度的活性组分后,由于两者的强相互作用会在一定程度上阻止载体和活性组分晶粒的增长。当氧化铜的负载量低于 10 wt.％ 的时候,在 XRD 谱图中并没有检测到 CuO 的特征峰,表明活性组分 CuO 高分散在载体的表面上而且其粒径非常的小,以致于常规的 X-射线衍射方法并不能检测得到。当氧化铜负载量达到 12 wt.％时,在 $2\theta = 35.5°$ 和 $38.7°$ 处检测到 CuO 的特征峰,并且伴随着载体二氧化钛峰强度的减弱。采用 Scherrer 公式,根据 CuO（1 1 1）晶面计算出 400 ℃焙烧的 CuO/MMTD 纳米催化剂中 CuO 的平均粒径

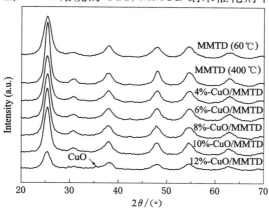

图 6-1　MMTD 载体和不同氧化铜负载量的 CuO/MMTD 催化剂的 XRD 谱图

约为 14.5 nm。

图 6-2 所示为不同温度焙烧的 8 wt.%-CuO/MMTD 纳米催化剂的 XRD 谱图。通过图 6-2 可以看出，随着焙烧温度的升高，MMTD 衍射峰强度变得更加尖锐，表明其结晶度进一步增大。随着 200 ℃到 600 ℃的焙烧温度的升高，锐钛矿相特征衍射峰变得更加强，表明随着热处理温度升高其结晶度也更高。当 600 ℃焙烧后板钛矿相衍射峰消失并伴随出现金红石相，表明高温焙烧后二氧化钛载体出现了晶型转变。600 ℃焙烧的样品中，在 $2\theta = 35.5°$和 $38.7°$处检测到了很强的 CuO 特征峰，这说明该催化剂体系经过高温处理后 CuO 纳米颗粒进一步长大。采用 Scherrer 公式计算的 MMTD 和活性组分 CuO 的平均粒径列在表 6-1 中。

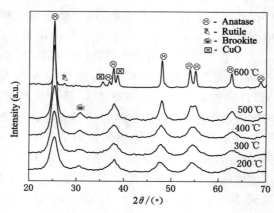

图 6-2　不同温度焙烧的 8%-CuO/MMTD 催化剂的 XRD 谱图

表 6-1　CuO/MMTD 催化剂的平均粒径及其催化 CO 低温氧化活性

催化剂	焙烧温度/℃	MMTD 粒径[a]/nm	CuO 粒径[a]/nm	一氧化碳转化率(T/℃)
MMTD	60	6.2	—	—
MMTD	400	9.6	—	30.3%(240 ℃)
4%-CuO/MMTD	400	8.5	—	100%(160 ℃)
6%-CuO/MMTD	400	8.3	—	100%(150 ℃)
8%-CuO/MMTD	400	7.9	—	100%(110 ℃)
10%-CuO/MMTD	400	7.9	—	100%(140 ℃)
12%-CuO/MMTD	400	7.5	14.5	100%(150 ℃)
8%-CuO/MMTD	200	6.7	—	100%(125 ℃)

续表 6-1

催化剂	焙烧温度/℃	MMTD 粒径[a]/nm	CuO 粒径[a]/nm	一氧化碳转化率(T/℃)
8%-CuO/MMTD	300	7.0	—	100%（120 ℃）
8%-CuO/MMTD	500	16.5	—	100%（145 ℃）
8%-CuO/MMTD	600	28.7	17.2	100%（270 ℃）

[a]calculated by the Scherrer formula.

6.2.2　N₂-sorption 分析

图 6-3 和图 6-4 所示为 MMTD 载体、不同 CuO 负载量的 CuO/MMTD 纳米催化剂以及在不同温度下焙烧的 8 wt.%-CuO/MMTD 催化剂的氮气吸附—脱附等温线以及由吸附等温线分支采用 BJH 法所计算的相应的孔分布曲线。所制备的催化剂的结构参数列在表 6-2 中。从图 6-3 和图 6-4 可以看出：所制备的样品的氮气吸附—脱附等温线都是 Ⅳ 型等温线，表明所制备的催化剂都具有介孔结构。滞后环为标准的 H2 型，表明所制备的样品 MMTD 的孔壁为纳米粒子自组装所组成的孔径大小均一的典型的蠕虫状的介孔材料[14,15]。在 p/p_0 为 0.2～0.4 范围内，所制备的催化剂的吸附等温线有一个明显的增长，这对应于介孔内的毛细凝聚现象。

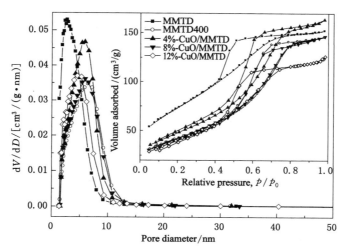

图 6-3　MMTD 和不同氧化铜活性组分负载量的 CuO/MMTD 催化剂的
氮气吸附—脱附等温线和孔分布曲线

未焙烧的 MMTD 样品的比表面积为 266 m²/g，最可几孔径为 2.6 nm。经

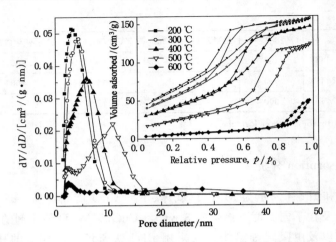

图 6-4 不同温度焙烧的 8%-CuO/MMTD 催化剂的氮气
吸附—脱附等温线和孔分布曲线

过 400 ℃高温处理后，MMTD 样品的氮气吸附—脱附等温线的拐点增大到 p/p_0 为 0.4～0.6 范围内，这表明随着高温处理及烧结作用的影响其孔径也相应地变大。400 ℃焙烧后的 MMTD 样品的比表面积降低至 154 m^2/g、孔径增大到 6.4 nm、孔容为 0.225 cm^3/g。

表 6-2　　　　　　　　　　　CuO/MMTD 催化剂的结构参数

催化剂	焙烧温度/℃	比表面积[a] /(m²/g)	孔容[b] /(cm³/g)	最可几孔径分布 $D_{BJH-ads}$[c]/nm	平均孔径[d] /nm
MMTD	60	266	0.235	2.6	3.5
MMTD	400	154	0.225	6.4	5.8
4%-CuO/MMTD	400	178	0.253	5.6	5.7
6%-CuO/MMTD	400	181	0.266	5.7	5.9
8%-CuO/MMTD	400	158	0.227	5.9	5.8
10%-CuO/MMTD	400	156	0.225	5.9	5.8
12%-CuO/MMTD	400	154	0.195	4.6	5.1
8%-CuO/MMTD	200	234	0.241	3.3	4.1
8%-CuO/MMTD	300	201	0.243	4.5	4.8
8%-CuO/MMTD	500	86	0.192	2.1, 10.8	9.0
8%-CuO/MMTD	600	20	0.076	2.3, 22.7	15.3

[a] Multi-point BET surface area. [b] Total pore volume at $p/p_0 = 0.99$. [c] Maximum of BJH pore diameter as determined from the adsorption branch. [d] Average pore diameter(4 V/A).

如图 6-3 和表 6-2 所示,随着 CuO 负载量从 4 wt.% 增大到 10 wt.%,400 ℃焙烧的具有不同 CuO 负载量的 x%-CuO/MMTD 纳米催化剂最可几孔径也从 5.6 nm 到 5.9 nm 递增,但是所有负载型催化剂的孔径均小于 400 ℃焙烧的纯载体 MMTD 的孔径。但是,CuO 负载量为 12 wt.% 的 CuO/MMTD 催化剂孔径降低到 4.6 nm(由于高温处理所以仍高于未焙烧的 MMTD 载体)。随着 CuO 负载量从 4 wt.% 到 12 wt.% 递增,其比表面积则从 181 m²/g 到 154 m²/g 递减,孔容也从 0.266 cm³/g 到 0.195 cm³/g 递减。在 XRD 分析中我们已经提到了活性组分和载体相互作用的影响,在这里负载 12 wt.% CuO 的样品中,过量 CuO 的存在可能也在一定程度上有效地阻止了 MMTD 载体经 400 ℃焙烧时颗粒的长大。

图 6-4 所示为不同温度焙烧的 8 wt.%-CuO/MMTD 催化剂的氮气吸附—脱附等温线和孔分布曲线。从图 6-4 可以看出,随着焙烧温度的升高,在等温线上的拐点也向高相对压力处发生了偏移并伴随着氮气消耗量的降低。同时,高温焙烧也导致其比表面积和孔径的递减。随着焙烧温度从 500 ℃升高到 600 ℃,其孔分布曲线出现双峰结构。这可能是由高温焙烧导致颗粒增大和相转变并伴随孔道结构的坍塌所共同导致的。纳米颗粒重新进行自排列和载体与活性组分的强相互作用,这两个因素共同导致 2.1～2.3 nm 窄孔径分布和 10.8～22.7 nm 宽孔径分布的双级孔结构的出现。由于高温烧结和介孔结构坍塌的影响,600 ℃焙烧的样品的比表面积降低到 20 m²/g。

6.2.3　SEM、TEM 分析

图 6-5 所示为所制备的 MMTD 载体和 400 ℃焙烧的 8 wt.%-CuO/MMTD 纳米催化剂的扫描电镜照片。图 6-5(a)显示了 60 ℃下无模板法合成的多级孔二氧化钛的扫描电镜照片。从图中可见纳米小颗粒自组装形成了直径为 1～2.1 μm、长度为 2～8 μm 的大孔直通道结构;大孔孔道均垂直于样品的表面并互相平行;孔与孔之间的孔墙厚度为 300～900 nm。图 6-5(b)为 400 ℃焙烧后的 8 wt.%-CuO/MMTD 纳米催化剂的扫描电镜照片,从图中可以看出:负载 CuO 并经过高温焙烧后样品保持了大孔孔道结构,并且孔道尺寸没有明显的收缩。但是,大孔孔壁的小孔洞部分地消失了,这可能是由于高温处理时无机结构的烧结和凝固所导致的。

图 6-6 为所制备的 MMTD 载体和 400 ℃焙烧的 8 wt.%-CuO/MMTD 纳米催化剂的透射电镜照片。从 MMTD 样品的 TEM 照片中可以看出:样品的大孔孔壁由均一的、粒径为 6 nm 左右的小晶粒相互累积组成,且小晶粒的组装形成了蠕虫状介孔通道,表明样品的大孔孔墙具有介孔结构,而且由纳米粒子自组

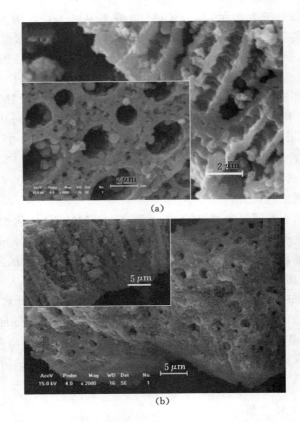

图 6-5　MMTD 样品（a）和 400 ℃ 焙烧的 8 wt. ％-CuO/MMTD 催化剂（b）的扫描电镜照片

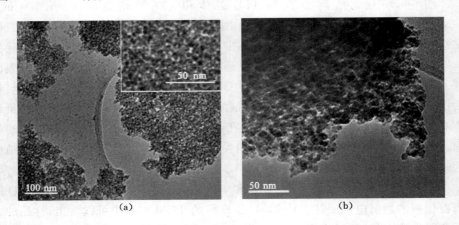

图 6-6　MMTD 样品（a）和 400 ℃ 焙烧的 8％-CuO/MMTD 催化剂（b）的透射电镜照片

装形成的介孔不规则的相互连接,缺乏长程有序性。负载活性组分氧化铜并经过 400 ℃的高温焙烧处理后,样品保持了蠕虫状介孔结构,但是其颗粒大小增大到约 8 nm,这和通过 XRD 计算所得到的结果相一致。

6.2.4　XPS 分析

为了详细研究催化剂的表面组成以及表面阳离子和阴离子的化学状态,对氧化铜负载量为 8 wt.％的 CuO/MMTD 纳米催化剂进行了 XPS 表征分析,结果如图 6-7 所示。从图 6-7(a)全谱图中看出:催化剂表面包含 Cu、Ti、O 和 C 元素,微量 C 元素的出现可能是由于测试仪器和测试过程中所引入的外来碳氢化合物杂质所导致的。

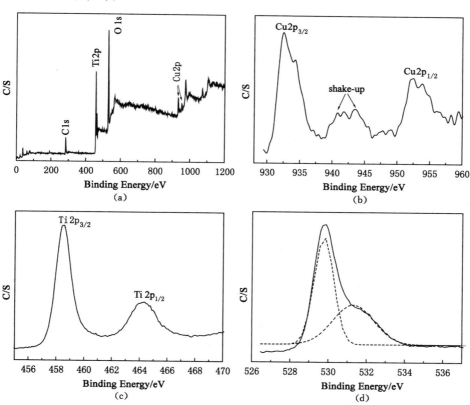

图 6-7　8 wt.％-CuO/MMTD 纳米催化剂的 XPS 表征

(a) 全谱;(b) Cu 2p 精细谱;(c) Ti 2p 精细谱;(d) O 1s 精细谱

图 6-7(b)～(d)分别为 Cu 2p,Ti 2p 和 O 1s 的精细 XPS 谱图。图 6-7(b)

为 Cu 2p 的精细 XPS 谱，在结合能为 952.4 eV 处的峰对应 Cu $2p_{1/2}$，结合能为 932.5 eV 处并伴随 934.2 eV 处肩峰的峰对应 Cu $2p_{3/2}$。在较高的电子结合能 934.3 eV 处出现 Cu $2p_{3/2}$ 峰并伴随着 940～944 eV 处震激峰的出现，表明在 CuO/MMTD 催化剂体系表面铜物种以＋2 价 Cu 离子的形式存在[16]。同时，低的 Cu $2p_{3/2}$ 结合能（约 932.5 eV）的出现也表明在 CuO/MMTD 催化剂中存在还原态的铜物种。但是，缺乏足够的证据去区分 Cu_2O 和 Cu^0，因为这两者的 Cu $2p_{3/2}$ 的结合能和峰形从本质上是一样的。还原态铜物种的出现可能是因为 CuO 和具有分级孔结构的 MMTD 载体之间的强相互作用或者 Cu^{2+} 在进行 XPS 测试的过程中被还原。在 Ti 2p 的精细 XPS 谱图 6-7（c）中，Ti $2p_{3/2}$ 和 Ti $2p_{1/2}$ 分别在 458.5 和 464.3 eV 处出峰，表明在催化剂表面只有＋4 价 Ti 物种存在。图 6-7（d）为 O 1s 的精细 XPS 谱，从图 6-7（d）可以看出 O 1s 在 XPS 峰能分为分别在 531.4 eV 和 529.8 eV 处的两个峰，这表明了两种不同氧物种的存在。其中结合能为 529.8 eV 处的峰归属为催化剂晶格氧，而在结合能为 531.4 eV 处一峰的出现表明在催化剂表面存在表面吸附氧物种。

根据 XPS 测试结果，我们对 8 wt.％-CuO/MMTD 纳米催化剂表面组成进行了计算。结果显示：催化剂表面的 Cu 和 Ti 的原子比 Cu/(Cu ＋ Ti)＝0.237，这一数值远高于理论数值（0.08）。这一结果表明：氧化铜物种在催化剂表面富集并主要以高分散态出现在大孔—介孔多级孔 MMTD 载体的表面。

6.3　催化性能研究

6.3.1　CuO/MMTD 催化剂制备条件的优化

在对所制备的催化剂进行结构表征后，将其应用到催化 CO 低温氧化中去以考察其催化性能。图 6-8 和图 6-9 给出了 CuO/MMTD 纳米催化剂催化 CO 低温氧化的 CO 转化率随反应温度变化的曲线。结果显示：所有 CuO/MMTD 催化剂的催化活性都随着在催化剂所在床层测出的反应温度的升高而提高。一氧化碳 100％转化的温度和在所测试的反应条件下 CO 不能达到 100％转化时其最高的 CO 转化率均列在表 6-1 中。

图 6-8 所示为不同氧化铜负载量的 CuO/MMTD 纳米催化剂催化 CO 低温氧化反应中 CO 转化率随反应温度变化的曲线。图 6-8 中也给出了 MMTD 载体的催化活性曲线以进行对比研究。从图中可以显著地看出：纯态的 MMTD 载体催化 CO 低温氧化的活性极低，而所有负载 CuO 的催化剂活性均得到了大幅度的提高。同时，在相同的测试条件下，纯态 CuO 在 60～250 ℃ 这样一个温

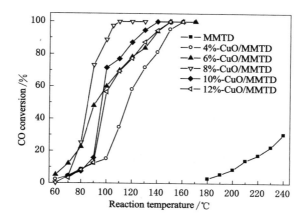

图 6-8　400 ℃焙烧的不同氧化铜负载量的 CuO/MMTD 催化剂
催化 CO 低温氧化的催化性能

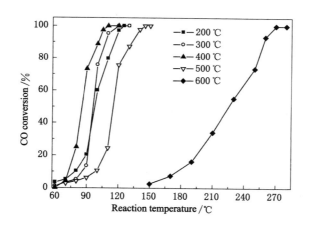

图 6-9　不同温度焙烧的 8 wt.%-CuO/MMTD 纳米催化剂
催化 CO 低温氧化性能

度区间里几乎没有活性,明显的 CO 转化的出现只有在 250 ℃以后才能被检测到。活性测试结果说明:在载体 MMTD 和活性组分 CuO 之间存在强烈的相互作用,而这种强相互作用最终将提高其催化 CO 低温氧化的催化活性。在所有不同负载量的 x%-CuO/MMTD 纳米催化剂中,8 wt.%-CuO/MMTD 纳米催化剂具有最高的催化活性(110 ℃实现原料气体中 CO 的完全氧化)。这说明,高分散态的铜物种的存在是其具有高催化活性的重要原因之一,这和 XRD 测试结果相一致。当 CuO 负载量继续增大时,过量的 CuO 不但会覆盖催化剂的活性位还将促进 CuO 颗粒本身的长大以致于在催化剂表面团聚形成 CuO 块体，这将严重降低催化剂催化 CO 低温氧化的催化活性。

同时考察了催化剂预处理温度对其催化性能的影响，结果如图 6-9 所示。通过图 6-9 可以看出：随着焙烧温度从 200 ℃到 400 ℃的升高，其催化活性也相应提高，但是继续从 400 ℃升温至 600 ℃其催化活性则反而降低，其中 400 ℃焙烧的 8 wt.%-CuO/MMTD 纳米催化剂具有最高的催化活性（110 ℃实现原料气体中 CO 完全氧化）。600 ℃焙烧的 8 wt.%-CuO/MMTD 催化剂在 270 ℃才实现原料气体中 CO 的完全氧化。XRD 和氮气吸附—脱附测试结果已经证明，高温处理将导致催化剂比表面积的降低以及载体 MMTD 和活性组分 CuO 纳米粒子粒径的变大。而且，在 600 ℃焙烧的 8 wt.%-CuO/MMTD 催化剂中出现了金红石晶相，介孔结构也出现了坍塌，比表面积在所有样品中最低（20 m²/g）和载体 MMTD 的粒径最大（28.7 nm）。因此，不同温度焙烧获得的催化剂在催化活性上的明显差异正是由于催化剂的团聚、大孔—介孔多级孔结构的破坏、比表面积的降低和纳米颗粒的长大共同作用的结果。因为该 CuO/MMTD 纳米催化剂体系的高催化活性应该归功于它们本身具有的高比表面积、多孔性和活性组分 CuO 纳米粒子的高分散的特点。

6.3.2 分级孔结构对 CuO/TiO₂ 催化剂催化性能促进作用的研究

为了考察大孔—介孔多级孔结构对催化剂催化性能的促进作用，并进一步证明该分级孔结构 CuO/MMTD 催化剂体系的优势，采用相同的沉积—沉淀的制备方法，分别以商品二氧化钛（粒径约 100 nm，比表面 10 m²/g）和采用非离子型表面活性剂做模板制备的不具有大孔孔道结构的介孔二氧化钛（MP-TiO₂）为载体制备出两种不同的负载 CuO 的负载型催化剂（CuO 负载量均为 8 wt.%，焙烧温度 400 ℃），分别记为 8 wt.%-CuO/commercial-TiO₂ 和 8 wt.%-CuO/MP-TiO₂，并分别对其进行催化 CO 低温氧化催化性能研究。催化活性测试结果如图 6-10 所示。

氮气吸附和 TEM 表征结果表明，8 wt.%-CuO/MP-TiO₂ 催化剂的比表面积为 130 m²/g，介孔孔径约 8 nm，这和 8 wt.%-CuO/MMTD 催化剂的相应数值相当。对应 8 wt.%-CuO/MP-TiO₂ 催化剂和 8 wt.%-CuO/commercial-TiO₂ 催化剂，原料气体中 CO 完全转化的温度分别为 120 ℃和 150 ℃，均高于具有大孔—介孔多级孔结构的 8 wt.%-CuO/MMTD 催化剂 CO 完全转化的温度 110 ℃，这表明具有分级孔结构的 MMTD 负载氧化铜的催化剂 CuO/MMTD 具有更高的催化活性。与商品二氧化钛负载 CuO 催化剂相比，CuO/MP-TiO₂ 催化剂和 CuO/MMTD 催化剂均具有高比表面积并能促进活性组分的分散，所

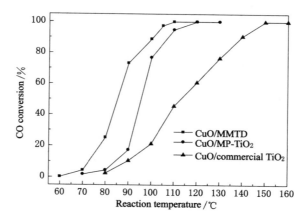

图 6-10　不同结构二氧化钛负载氧化铜催化剂的催化 CO
低温氧化活性对比研究

以活性均相对较高。尤其是具有大孔结构的 CuO/MMTD 催化剂,其大孔结构
的存在能促进反应物和产物分子在其内部的扩散,并因此其催化 CO 低温氧化
的催化活性要高于不具有大孔结构的 CuO/MP-TiO$_2$ 催化剂。大孔结构有利于
气体分子在催化剂中的传输、介孔结构能提供高比表面积并进一步增加活性位
数量,这些因素都有利于催化剂催化活性的提高。

6.4　CO 氧化活性机理研究

　　为了对该 CuO/MMTD 催化剂催化 CO 氧化反应的活性位进行深入探讨,
对不同 CuO 负载量和不同温度预处理的该催化剂体系进行了 H$_2$-TPR 分析,以
期获得其氧化还原性能及表面铜物种存在状态方面的信息。结果如图 6-11 和
图 6-12 所示。

　　图 6-11 所示为所制备的大孔—介孔多级孔 MMTD 载体、不同氧化铜负载
量的 CuO/MMTD 纳米催化剂和纯态 CuO 样品的 H$_2$-TPR 谱图。从图中可以
看出:MMTD 载体在 475 ℃和 570 ℃处出现两个还原峰,分别归属于二氧化钛
的还原。纯态 CuO 的 H$_2$-TPR 测试结果和我们以前的测试结果基本相同,在
363 ℃处出现一个强还原峰。对于氧化铜负载量为 4 wt. %~10 wt. %的 CuO/
MMTD 纳米催化剂来说,除了在 475 ℃和 570 ℃处出现两个归属于二氧化钛的
还原峰以外,还在低于 200 ℃处出现两个还原峰。由于相对铜物种而言,钛物种
的还原温度很高,所以在这里将低于 200 ℃的两个较低温度的还原峰归属为不
同铜物种的还原。负载后 CuO 的还原温度相比纯态 CuO 降低的主要原因是载

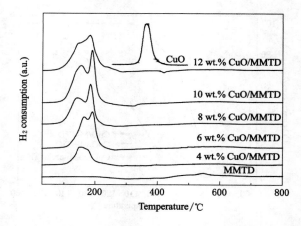

图 6-11　MMTD 载体、纯态 CuO 和 400 ℃焙烧的不同氧化铜负载量的
CuO/MMTD 催化剂的 H₂-TPR 谱图

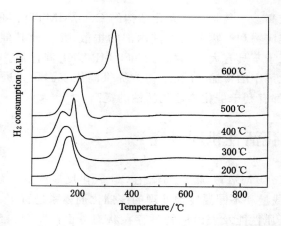

图 6-12　不同温度焙烧的 8 wt.%-CuO/MMTD 纳米催化剂的 H₂-TPR 谱图

体 MMTD 与活性组分纳米 CuO 的强相互作用，载体 MMTD 促进了活性组分
CuO 的还原。通常的，CuO 物种负载在 CeO_2，SnO_2，$Ce_xZr_{1-x}O_2$ 和铈掺杂的钛
氧化物上时，都是出现温度范围较宽的两步还原过程：第一步低温还原峰的出现
是由于载体与 CuO 物种的相互促进作用；第二步还原峰出现的温度较高，这是
因为载体对过渡价态阳离子的稳定化作用。所以，在该不同氧化铜负载量的系
列样品中，出现在低于 200 ℃的两个相互交叠的还原峰可分别归属为：高分散并
和载体存在强相互作用的 CuO 物种（XRD 检测为非晶态）还原到 Cu^{+1} 和 Cu^0 的
两步过程，该高分散态 CuO 物种的存在被认为是该催化剂体系具有高 CO 氧化

活性的主要原因。其中氧化铜负载量为 8 wt.％的 CuO/MMTD 纳米催化剂中两个还原峰出现的温度分别为约 145 ℃和 184 ℃,在所有样品中,该负载量的催化剂中活性物种纳米氧化铜更易于还原,CO 氧化活性测试结果也表明该催化剂在催化性能方面有更优越的表现。在 CuO 负载量为 12 wt.％的 CuO/MMTD 纳米催化剂中,除了以上所提到的还原峰以外,还在 240 ℃处出现较弱还原肩峰。该弱还原峰的出现可以归属为 MMTD 载体表面少量较大颗粒 CuO 物种或者 CuO 块体的出现,这和不同氧化铜负载量的 XRD 分析测试结果相一致。

图 6-12 所示为不同温度焙烧的 8 wt.％-CuO/MMTD 纳米催化剂样品的 H_2-TPR 谱图。从图中可以看出:200 ℃和 300 ℃焙烧的 8 wt.％-CuO/MMTD 纳米催化剂样品的 H_2-TPR 谱图中仅在约 160 ℃处出现了一个低温还原峰,说明在经过 300 ℃的低温处理后的催化剂中,活性组分氧化铜物种以纳米级的超细颗粒高分散在 MMTD 载体表面。对于 400 ℃焙烧的样品来说,两步还原温度分别为 145 ℃和 184 ℃。而对于 500 ℃焙烧的样品来说,该两步还原温度分别升高为 165 ℃和 205 ℃,说明活性组分 CuO 颗粒随着温度逐渐升高发生了一定的长大。600 ℃焙烧的样品中,活性组分 CuO 只在 330 ℃出现一个强还原峰,这进一步说明在更高的温度下焙烧 8 wt.％-CuO/MMTD 催化剂将会导致活性组分 CuO 物种颗粒的长大和团聚,并以较大颗粒或者 CuO 块体的形式出现。

文献报道[17,18]:在催化 CO 氧化反应中,CO 在催化剂上发生反应的起始温度和其 H_2-TPR 还原曲线中 CuO 开始还原的温度紧密相关。在我们的 H_2-TPR 研究中,400 ℃焙烧的 8 wt.％-CuO/MMTD 纳米催化剂中铜物种的第一个还原峰出现的温度为 140 ℃(在所有催化剂样品中第一还原温度最低),而其在催化 CO 氧化中也具有最低的起燃点。这说明 CuO 物种在催化 CO 低温氧化中起到重要的作用,其催化 CO 低温氧化步骤如反应式(6-1)和(6-2)所示。同时研究 H_2-TPR 曲线还可以看出,所有铜物种所对应的第二还原峰中,400 ℃焙烧的 8 wt.％-CuO/MMTD 样品的还原温度最低且与第一还原峰面积比最大(该峰所对应的为 Cu_2O 物种的还原过程),而且在起燃温度相差不大的情况下,反应气体中 CO 完全转化的温度却有明显的差别(400 ℃焙烧的 8 wt.％-CuO/MMTD 催化剂活性最高)。所有这一切表明:在该催化 CO 低温氧化催化剂中对催化活性起到最关键作用的是 Cu_2O 物种的存在,也即是说 Cu_2O 物种才是该催化剂体系 CO 低温氧化的最终活性位,其所遵循的反应步骤如反应式(6-3)和(6-4)所示。反应式(6-2)和(6-4)中的活性 O_2 物种为吸附氧,可以通过前面的 XPS 表征结果来证实它的存在。

$$2CuO + CO \longrightarrow Cu_2O + CO_2 \tag{6-1}$$

$$1/2O_{2(ads)} + Cu_2O \longrightarrow 2CuO \tag{6-2}$$

$$Cu_2O + CO \longrightarrow 2Cu + CO_2 \tag{6-3}$$

$$1/2O_{2(ads)} + 2Cu \longrightarrow Cu_2O \tag{6-4}$$

通过以上讨论认为,催化剂表面的 CuO 和 Cu_2O 均对其活性有重要影响,其中大量 Cu_2O 物种的存在有利于其活性的提高。

采用前面第 3 章中动力学研究相同的方法,对分级孔 CuO/MMTD 催化剂催化 CO 氧化的反应动力学进行了研究,求出不同催化剂上发生反应的活化能 E_a。活化能计算结果列在表 6-3 中。从表 6-3 可以看出,分级孔 CuO/MMTD 催化剂具有高 CO 氧化催化活性的实质是其降低了 CO 氧化反应的活化能。

表 6-3　　　　　　　　**分级孔 CuO/MMTD 催化剂 CO 氧化活化能值**

催化剂	活化能(E_a)/(kJ/mol)	一氧化碳转化率($T/℃$)
MMTD（400 ℃）	94.41	30.3%（240 ℃）
8%-CuO/MMTD（400 ℃）	80.58	100%（110 ℃）
8%-CuO/MP-TiO$_2$（400 ℃）	86.44	100%（120 ℃）
8%-CuO/commercial-TiO$_2$（400 ℃）	88.51	100%（150 ℃）

6.5　本章小结

本章中,采用沉积—沉淀法分别在多级孔二氧化钛负载氧化铜纳米颗粒制备出了高活性的负载型催化剂。采用多种表征手段对所制备的催化剂进行了结构表征,利用微反—色谱装置考察了其催化 CO 低温氧化性能,并初步探讨了该催化剂体系中的催化活性位及 CO 氧化活性机理,得出以下结论:

采用无模板自组装的方法制备出具有大孔—介孔多级孔结构的二氧化钛（MMTD）,扫描电镜分析表明其具有规整的大孔结构,负载 CuO 后的催化剂能保持该大孔结构。氮气吸附—脱附和透射电镜分析表明,催化剂具有高的比表面积,其大孔孔壁由粒径大小均一的纳米粒子组成且具有孔径分布范围窄的蠕虫状的介孔结构。XRD 分析结果表明,MMTD 具有锐钛矿和板钛矿双晶结构。

催化剂 CO 氧化性能测试结果表明,CuO/MMTD 催化剂的 CuO 负载量和焙烧温度都是影响其催化性能的重要因素。400 ℃ 焙烧的 8 wt.%-CuO/MMTD 催化剂具有最高的催化活性(CO 在 110 ℃ 完全转化)。制备了商品二氧化钛和不具有大孔结构的介孔二氧化钛与该 MMTD 催化剂进行催化活性对比考察。结果表明：大孔结构有利于原料及产物的扩散，介孔—大孔分级孔结构、高比表面积和粒径均一的纳米尺寸的粒子都是催化剂具有高的催化 CO 低温氧化活性的重要因素。

　　H_2-TPR 分析结果表明，在 CuO/MMTD 催化剂中 CuO 以高分散态存在，其还原过程分为两步：$CuO \rightarrow Cu_2O \rightarrow Cu$。XPS 分析结果表明，在 CuO/MMTD 催化剂中氧物种以两种吸附形式存在。综合数据分析和文献报道结果，认为在该催化剂体系中 Cu_2O 物种为其催化 CO 氧化的活性位；动力学计算结果表明，CuO/MMTD 催化剂降低了 CO 氧化反应活化能，因此其具有高于 CuO/MP-TiO_2 和 CuO/commercial-TiO_2 催化剂的 CO 低温氧化活性。

参 考 文 献

[1] FUJISHIMA A. Electrochemical photolysis of water at a semiconductor electrode[J]. Nature,1972(238):37-38.

[2] HIRASHIMA H,IMAI H,BALEK V. Preparation of meso-porous TiO_2 gels and their characterization[J]. Journal of Non-crystalline Solids,2001, 285(1):96-100.

[3] ANTONELLI D M,YING J Y. Synthesis of hexagonally packed meso-porous TiO_2 by a modified sol-gel method[J]. Angewandte Chemie International Edition in English,1995,34(18):2014-2017.

[4] CABRERA S,EL HASKOURI J,GUILLEM C,et al. Generalised syntheses of ordered mesoporous oxides:the atrane route[J]. Solid State Sciences,2000,2(4):405-420.

[5] YUSUF M M,IMAI H,HIRASHIMA H. Preparation of mesoporous TiO_2 thin films by surfactant templating[J]. Journal of Non-Crystalline Solids, 2001,285(1):90-95.

[6] YOSHITAKE H,SUGIHARA T,TATSUMI T. Preparation of wormhole-like mesoporous TiO_2 with an extremely large surface area and stabilization of its surface by chemical vapor deposition[J]. Chemistry of Materials, 2002,14(3):1023-1029.

[7] DAI Q,SHI L Y,LUO Y G,et al. Effects of templates on the structure, stability and photocatalytic activity of mesostructured TiO_2[J]. Journal of Photochemistry & Photobiology A Chemistry,2002,148(1):295-301.

[8] WANG Y D,MA C L,SUN X D,et al. Synthesis and characterization of

mesoporous TiO_2 with wormhole-like framework structure[J]. Applied Catalysis A General,2003,246(1):161-170.

[9] HO W,JIMMY C Y,LEE S. Synthesis of hierarchical nanoporous F-doped TiO_2 spheres with visible light photocatalytic activity[J]. Chemical Communications,2006 (10):1115-1117.

[10] YUAN Z Y,SU B L. Insights into hierarchically meso-macroporous structured materials[J]. Journal of Materials Chemistry,2006,16(7):663-677.

[11] BLIN J L,LEONARD A,YUAN Z Y,et al. Hierarchically mesoporous/macroporous metal oxides templated from polyethylene oxide surfactant assemblies[J]. Angewandte Chemie,2003,115(25):2978-2981.

[12] HUANG J,WANG S,ZHAO Y,et al. Synthesis and characterization of CuO/TiO_2 catalysts for low-temperature CO oxidation[J]. Catalysis Communications,2006,7(12):1029-1034.

[13] IDAKIEV V,TABAKOVA T,NAYDENOV A,et al. Gold catalysts supported on mesoporous zirconia for low-temperature water-gas shift reaction[J]. Applied Catalysis B:Environmental,2006,63(3):178-186.

[14] YUAN Z Y,SU B L. Surfactant-assisted nanoparticle assembly of mesoporous β-FeOOH (akaganeite) [J]. Chemical Physics Letters, 2003, 381(5):710-714.

[15] REN T Z,YUAN Z Y,SU B L. Surfactant-assisted preparation of hollow microspheres of mesoporous TiO_2[J]. Chemical Physics Letters,2003,374 (1):170-175.

[16] AVGOUROPOULOS G,IOANNIDES T. Selective CO oxidation over $CuO-CeO_2$ catalysts prepared via the urea-nitrate combustion method[J]. Applied Catalysis A:General,2003,244(1):155-167.

[17] PILLAI U R,DEEVI S. Room temperature oxidation of carbon monoxide over copper oxide catalyst[J]. Applied Catalysis B:Environmental,2006, 64(1):146-151.

[18] NAGASE K,ZHENG Y,KODAMA Y,et al. Dynamic study of the oxidation state of copper in the course of carbon monoxide oxidation over powdered CuO and Cu_2O[J]. Journal of Catalysis,1999,187(1):123-130.

第7章　凹凸棒石黏土负载氧化铜纳米催化剂的制备、表征和催化性能研究

催化剂载体的选择对催化剂性能至关重要。在铜基 CO 氧化催化剂中，研究的较多的是负载于氧化铈、铈锆氧固溶体、氧化铁和氧化钛等上的氧化铜催化剂。然而这些金属氧化物的制备成本相对还是较高，因此许多科研工作者都在尝试使用一些天然材料作为催化剂或催化剂载体。

凹凸棒石（Attapulgite）黏土又称坡缕石（Palygorskite），世界上凹凸棒石黏土主要分布在中国、美国、西班牙、法国、俄罗斯、澳大利亚、英国、巴西、德国、尼泊尔和南非等国，中国是世界上凹凸棒石黏土储量最大的国家。自 1976 年在江苏六合小盘山首次发现凹凸棒石黏土矿之后，我国相继在皖、川、鲁、浙、贵、青、内蒙古、鄂、晋、冀、甘等省发现了凹凸棒石黏土矿床（点）。因为凹凸棒石黏土具有特殊的纤维结构、高比表面积、不同寻常的胶体、吸附和脱色等性能[1,2]，其被广泛应用于化工、轻工、农业、纺织、建材、地质勘探、铸造、硅酸盐工业、原子能工业、环保及制药等领域[3-9]，有"千土之王"、"万用之土"等美誉。近年来，凹凸棒石黏土在催化中的应用得到了越来越多的科研工作者的关注，但是以其为载体负载纳米氧化铜催化剂并将其应用到催化 CO 低温氧化中的研究却未见报道。综合凹凸棒石黏土低廉的价格和特殊的性能等多方面考虑，对以天然凹凸棒石黏土为载体负载氧化铜制备的常规金属催化剂的制备方法和催化应用的研究是一项具有重要意义的工作。

本章中，以凹凸棒石黏土为载体，采用沉积−沉淀法制备了不同氧化铜负载量的 CuO/Attapulgite 纳米催化剂。所合成的催化剂具有纤维状一维纳米结构、高比表面积、活性组分纳米氧化铜在载体表面分散均匀。高比表面和纳米尺度的粒子能提供更多的活性位从而提高其催化 CO 低温氧化的反应活性，并且该催化剂催化 CO 低温氧化催化活性测试结果表明其具有高催化活性。

7.1　凹凸棒石黏土负载氧化铜纳米催化剂的制备

本实验中所用到的凹凸棒石黏土为安徽天骄公司所提供的 APT-SB1 和 APT-SB2 两种不同粒径的天然凹凸棒石黏土（粒径分别为 75 μm 和 45 μm），其

化学组成如表 7-1 所示。具体的催化剂制备过程如下：将一定量的 $Cu(NO_3)_2 \cdot 3H_2O$ 溶解到 200 mL 的去离子水中，剧烈搅拌下加入 1 g 凹凸棒石黏土载体，继续搅拌一段时间，缓慢加入 0.25 M 的 Na_2CO_3 水溶液至溶液 pH 值为 9.0，继续搅拌 1 h，去离子水过滤，洗涤，80 ℃烘干 4 h，200 ℃焙烧 5 h，制备出不同 CuO 负载量的 CuO/Attapulgite (CuO/APT) 纳米催化剂。为了考察焙烧温度对其催化 CO 低温氧化性能的影响，采用相似的条件分别制备了 300 ℃、400 ℃和 500 ℃焙烧的氧化铜负载量（质量百分含量）为 8 wt.% 的 CuO/Attapulgite 纳米催化剂。

为了研究载体凹凸棒石黏土的粒径大小对其催化活性的影响，采用相同的方法分别制备了 CuO/APT-SB1 和 CuO/APT-SB2 催化剂。

表 7-1　　　　　　　　　天然凹凸棒石(SB1)黏土化学组成

组分	质量百分含量/wt.%
SiO_2	58.23～66.30
Al_2O_3	10.50～11.90
MgO	8.10～12.65
Fe_2O_3	5.80～6.51
TiO_2	0.76～1.10
Mn_2O_3	0.008～0.15
K_2O	0.68～0.91
CaO	0.29～4.15
MnO	0.02～0.13

7.2　凹凸棒石黏土负载氧化铜纳米催化剂的表征

7.2.1　XRD 分析

图 7-1 所示为凹凸棒石黏土和不同 CuO 负载量的 200 ℃焙烧的 CuO/APT 纳米催化剂的 XRD 谱图，其中星号所示为石英杂质。本工作中所用天然凹凸棒石黏土由安徽天骄公司所提供，其化学组成如表 7-1 所示。从图 7-1 可以看出：天然凹凸棒石黏土的结晶度很高，在 $2\theta = 26.6°(d_{101} = 0.335 \text{ nm})$ 处存在较强的石英杂质的特征峰（图中以星号标记），说明了载体凹凸棒石黏土中石英杂质的存在；$2\theta = 8.3°(1.062 \text{ nm})$ 处的层间距归因于凹凸棒石黏土本身固有的骨

架结构;$2\theta=13.7°,16.3°,19.7°$和 $20.7°$ 处的衍射峰归属于黏土层间 Si-O-Si 链的特征衍射峰。与天然凹凸棒石黏土载体对比可以发现,负载氧化铜后的 CuO/APT 纳米催化剂中在 $38.7°$ 处出现一个很弱并宽化的衍射峰,说明了在 CuO/APT 催化剂体系中纳米尺度的氧化铜颗粒的存在。采用 Scherrer 公式根据 CuO (1 1 1) 晶面计算的 8 wt.%,12 wt.% 和 16 wt.% 氧化铜负载量的 CuO/APT 纳米催化剂中 CuO 的平均粒径分别为 5.5,5.8 和 5.2 nm。在氧化铜负载量为 20 wt.%,24 wt.% 和 28 wt.% 的 CuO/APT 纳米催化剂中氧化铜的特征峰非常弱,这可能是活性组分 CuO 和载体凹凸棒石黏土之间的强相互作用导致的。但是由于天然凹凸棒石黏土载体组成的复杂性等原因,这种强相互作用关系还不能在 XRD 测试中清楚地获得。

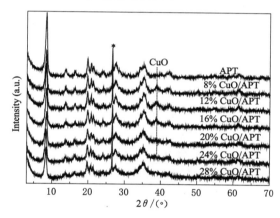

图 7-1　凹凸棒黏土和 200 ℃焙烧的不同 CuO 负载量的
CuO/APT 催化剂的 XRD 谱图

在 CuO/APT 催化剂体系中,凹凸棒载体的衍射峰强度要比纯凹凸棒黏土载体的衍射峰弱,并且随着氧化铜含量的增加其强度递减。在 Idakiev 等人[10] 的工作中已经报道:载体在负载纳米尺度的活性组分后,由于两者的强相互作用会在一定程度上阻止载体和活性组分晶粒的增长。在本工作中的 CuO/APT 催化剂体系中,衍射峰强度的减弱可能是由活性组分铜物种在凹凸棒石黏土表面的高分散以及两者之间的强相互作用共同导致的。负载 CuO 后,凹凸棒石黏土的层间距($2\theta=8.4°$) d_{110} 从 1.062 nm 减小到 1.054 nm,说明活性组分氧化铜不仅高分散在凹凸棒载体的表面,而且部分的铜物种插入到了载体凹凸棒黏土的层间位置。随着焙烧温度的提高,CuO/APT 纳米催化剂的衍射峰强度逐渐增强,说明热处理会导致催化剂结晶度的提高和颗粒的变大。氧化铜负载量为

8 wt. %的 CuO/APT 纳米催化剂经 500 ℃的高温焙烧处理后,CuO 平均粒径增大到 11 nm。

7.2.2 N₂-sorption 分析

图 7-2 显示的是凹凸棒石黏土和 200 ℃焙烧后的不同氧化铜负载量的 CuO/APT 纳米催化剂体系的氮气吸附—脱附等温线谱图,所有样品的结构参数列于表 7-2 中。从图 7-2 中可以看出,所有样品的吸附—脱附等温线都是Ⅲ型等温线(根据 IUPAC 分类)而且在相对压力 p/p_0 大于 0.85 处氮气吸附量有一个明显的增大,表明样品中大量大孔的存在。吸附—脱附等温线呈现出自由的单层—多层吸附,表明该大孔材料的孔和空隙与颗粒表面相连通。凹凸棒石黏土载体和负载型催化剂均呈现出规整的 H3 型滞后环,表明所得样品包含由片状颗粒堆积所形成的狭缝状的孔结构。凹凸棒石黏土载体的比表面积为 216 m²/g,经 200 ℃焙烧后降至 138 m²/g。由于氧化铜纳米颗粒在 APT 载体表面的沉积,CuO/APT 催化剂体系的比表面积也逐渐变小。随着 CuO 负载量从 8 wt. %增大到 28 wt. %,其比表面积从 124 m²/g 降至 107 m²/g。尽管随着焙烧温度的升高催化剂的比表面积和孔容会变小,但是在 500 ℃焙烧的 8 wt. %-CuO/APT 纳米催化剂中,其比表面积和孔容仍分别高达 88 m²/g 和 0.254 cm³/g。这表明所制备的催化剂具有高比表面积、大孔容和高热稳定性,这些都将对其提高催化性能具有重要的意义。

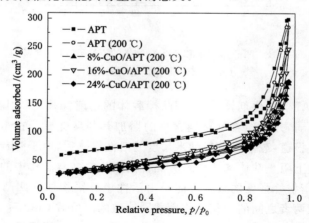

图 7-2 天然凹凸棒黏土 APT 和 CuO/APT 催化剂体系的
氮气吸附—脱附等温线

表 7-2　　　　凹凸棒载体和 CuO/APT 催化剂的结构参数和催化活性

催化剂	焙烧温度/℃	比表面积/（m²/g）	孔容/（cm³/g）	一氧化碳完全转化温度（T_{100}）/℃
APT	—	216	0.462	—
APT	200	138	0.441	230
8%-CuO/APT	200	122	0.390	190
12%-CuO/APT	200	124	0.373	170
16%-CuO/APT	200	123	0.383	120
20%-CuO/APT	200	122	0.298	120
24%-CuO/APT	200	119	0.295	120
28%-CuO/APT	200	107	0.319	150
8%-CuO/APT	300	110	0.273	200
8%-CuO/APT	400	104	0.254	210
8%-CuO/APT	500	88	0.277	230

7.2.3　SEM、TEM 分析

为了深入地了解凹凸棒石黏土 APT 和负载氧化铜后的 CuO/APT 纳米催化剂的微观结构和组织形态，采用扫描电镜和透射电镜对其微观形貌进行观察，所得结果示于图 7-3、图 7-4 和图 7-5 中。

图 7-3　天然凹凸棒石黏土的扫描电镜照片

从凹凸棒石黏土的扫描电镜图 7-3 可以清楚地看出，许多长度为 $0.5 \sim 5 \mu m$ 的棒或纤维堆积形成凹凸棒石黏土束，并且这种堆积最终形成具有不同孔径大小的狭缝状大孔，和由氮气吸附—脱附测试得出的结论相一致，同样在对

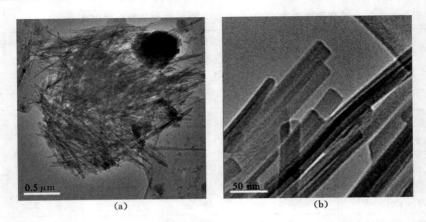

（a）   （b）

图 7-4 凹凸棒石黏土载体的透射电镜照片

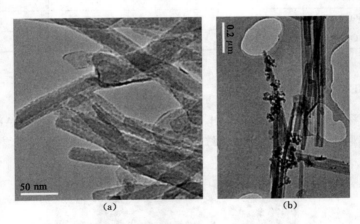

（a）   （b）

图 7-5 氧化铜负载量为 16 wt.％的 CuO/APT 纳米
催化剂的透射电镜照片

CuO/APT 纳米催化剂进行的扫描电镜表征中得到了类似的结果。

  图 7-4 所示为凹凸棒石黏土载体的典型透射电镜照片，进一步验证了样品的棒状结构。从图 7-4（a）可以看出，凹凸棒石黏土呈现由纳米棒团聚形成的束状结构，其中仍存在一些小颗粒以及小颗粒团聚体。从图 7-4（b）可以看出，棒状黏土表面光滑，直径为 20～40 nm，并且能清晰地看出棒与棒之间的边界。

  图 7-5 所示为 200 ℃焙烧的 16 wt.％-CuO/APT 纳米催化剂的透射电镜照片。从图 7-5（a）可以看出，凹凸棒石黏土负载粒径大小范围在 4～6 nm 的氧化铜后其表面变得非常粗糙，而且氧化铜纳米颗粒也顺利地负载在载体表面。在局部区域［图 7-5（b）］，数十纳米大小的氧化铜颗粒聚集在棒状和颗粒团聚体凹

凸棒石黏土载体表面。因为在凹凸棒石黏土表面存在活性羟基(－OH),所以正是氧化铜和凹凸棒载体所具有的羟基中的氢键相互作用对两者的连接起到了促进作用,并且活性组分铜物种能因此而顺利地负载到载体凹凸棒石黏土表面。同时,这种相互作用也是 CuO/APT 纳米催化剂的 XRD 衍射峰强度明显降低的主要原因。

7.2.4　XPS 分析

为了详细研究催化剂的表面组成和铜物种的存在状态,对 200 ℃ 焙烧得到的 16 wt.％-CuO/APT 纳米催化剂进行了 XPS 表征,结果如图 7-6 所示。从图 7-6(a)全谱图可看出:催化剂表面包含 Cu,Si,Al,Mg,Fe,O 和 C 元素。少量碳元素的存在可能是因为测试仪器和测试过程中所引入的外来碳氢化合物所导致的。图 7-6(b)所示为 Cu 2p 的精细 XPS 谱,从图中可以看出,在结合能为

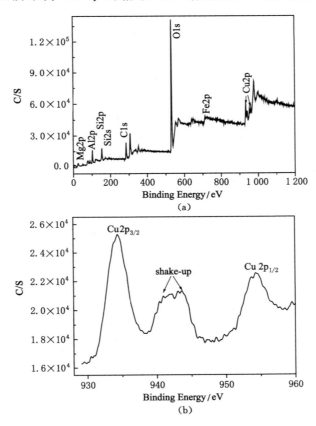

图 7-6　CuO/APT 纳米催化剂的 XPS 全谱(a)和 Cu 2p 的精细 XPS 谱图(b)

954.3 eV 和 934.3 eV 处出现分别对应于 Cu $2p_{1/2}$ 和 Cu $2p_{3/2}$ 的两个峰;Cu $2p_{3/2}$ 峰出现在较高的电子结合能 934.3 eV 处并伴随着 940~944 eV 处震激峰的出现,表明在 CuO/APT 纳米催化剂体系表面铜物种以 +2 价 Cu 离子的形式存在[11]。

催化剂的表面组成也通过 XPS 技术进行计算。表面原子比为:Cu/(Cu+Si+Al+Fe+Mg)=0.214,这一数值要高于理论计算数值(0.104)。这一结果表明:氧化铜颗粒主要是高分散在凹凸棒黏土载体的表面。载体表面氧化铜活性物种的高分散也必将提高其催化 CO 低温氧化的催化活性。

7.3 催化剂的催化性能研究

在对所制备的催化剂进行结构表征后,将 CuO/APT 催化剂应用到催化 CO 低温氧化中去以考察其催化性能。所有的催化剂在进行催化活性测试前均未进行预处理,这对于实际的工业应用非常重要。因为在很多情况下,催化剂在使用前的预处理是无法实现的,并且在很多情况下催化剂在使用前是要暴露在空气中的。该催化剂体系催化 CO 低温氧化的 CO 转化率随反应温度变化的曲线列在图 7-7 至图 7-9 中。同时考察了催化剂的初活稳定性,结果列在图 7-10 中。通过活性测试结果可看出,所有 CuO/APT 催化剂的催化活性都随着反应温度的升高而提高。催化剂催化 CO 完全氧化的反应温度 T_{100} 列在表 7-2 中。

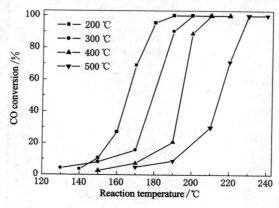

图 7-7 不同温度焙烧的 8 wt.%-CuO/APT 纳米催化剂
催化 CO 低温氧化催化性能

图 7-7 所示为不同温度焙烧的 8 wt.%-CuO/APT 纳米催化剂催化 CO 低温氧化的 CO 转化率与反应温度的关系曲线。通过图 7-7 可以清楚地看出,随

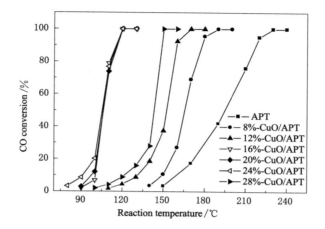

图 7-8　200 ℃焙烧的不同氧化铜负载量的 CuO/APT 催化剂
催化 CO 低温氧化催化性能

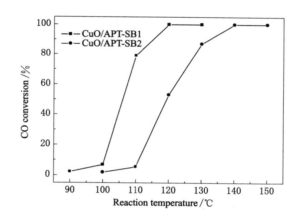

图 7-9　凹凸棒黏土 APT-SB1 和 APT-SB2 负载 CuO 催化剂
催化 CO 低温氧化催化活性

着催化剂的焙烧温度由 200 ℃升至 500 ℃,其催化活性逐渐降低。在 200 ℃下焙烧得到的 8 wt.%-CuO/APT 纳米催化剂具有 122 m²/g 的高比表面和 5.5 nm大小均一的 CuO 纳米颗粒尺寸,且在不同温度焙烧的 8 wt.%-CuO/APT 催化剂体系中表现出最高的催化活性(190 ℃实现 CO 的完全氧化)。这一结果表明:对于 CuO/APT 催化剂体系来说,高焙烧温度对于提高其催化活性没有帮助(尽管各个不同温度焙烧的样品的催化活性差异并不大)。造成不同焙烧温度的催化剂活性产生细微差异的主要原因应该是热处理所导致的催化剂比表面的降低。

图 7-8 所示为不同 CuO 负载量的 CuO/APT 纳米催化剂催化 CO 低温氧化的 CO 转化率随反应温度变化的曲线。同时，为了进行对比我们也测试了纯态凹凸棒石黏土载体的催化活性，结果也列在图 7-8 中。从图 7-8 可以看出：纯态凹凸棒石黏土具有最低的催化活性，所有负载氧化铜催化剂的活性均显著地高于纯态凹凸棒石黏土的活性。这表明在催化剂体系中，载体 APT 和活性组分 CuO 之间存在强相互作用，而这种强相互作用对该催化剂体系催化 CO 低温氧化反应具有显著的影响。随着 CuO 负载量从 0 到 16 wt. ％的增大，其催化活性也递增，但是氧化铜负载量为 20 wt. ％和 24 wt. ％的催化剂和氧化铜负载量为 16 wt. ％的 CuO/APT 纳米催化剂具有相当的催化活性。继续增大氧化铜的负载量到 28 wt. ％则导致其催化活性的降低。这说明，在一定范围内增大氧化铜的负载量能提高该催化剂体系催化 CO 低温氧化的活性，但是超出这个范围后继续增大其负载量则反而会导致催化活性的降低。这可能是因为当氧化铜负载量过高时，过量的氧化铜物种不但会覆盖催化反应的活性位，而且还会导致氧化铜颗粒的团聚和长大，而这两个原因都会导致催化剂活性的降低。在该催化剂体系中，由于 APT 和活性组分 CuO 的强相互作用，甚至当氧化铜的负载量达到 24 wt. ％的时候，活性组分 CuO 仍然不会出现严重团聚并生成 CuO 块体的现象，而这种高分散的氧化铜物种在催化反应中起着至关重要的作用（局部区域存在的少量 CuO 颗粒团聚体及其与 APT 载体的相互作用除外）。氧化铜负载量为 28 wt. ％的 CuO/APT 纳米催化剂具有过量的氧化铜负载量，而过量的氧化铜不仅覆盖了催化剂活性位，而且导致催化剂比表面积降至 107 m^2/g。而高比表面积能促进活性组分金属或者金属氧化物在催化剂表面的高分散，并最终实现催化剂的高性能。所以过量氧化铜的存在所导致的催化剂比表面积的降低也是其催化活性降低的主要原因之一。氧化铜负载量为 16 wt. ％的 CuO/APT 催化剂能在 120 ℃实现原料气体中 CO 的完全氧化，这一活性测试结果已经和我们前期制备的介孔金属氧化物负载氧化铜催化剂的催化活性相当。基于凹凸棒黏土价格低廉和原料易得等优点，该 CuO/APT 纳米催化剂体系存在着巨大的潜在应用和进一步深入研究的价值。

图 7-9 所示为在两种不同粒径的天然凹凸棒石黏土 APT-SB1 和 APT-SB2（粒径分别为 75 μm 和 45 μm）载体上分别负载 16 wt. ％ CuO 的催化剂催化 CO 低温氧化催化活性曲线。从图 7-9 可以看出：以 APT-SB1 和 APT-SB2 为载体的催化剂分别在 120 ℃和 140 ℃时实现原料气体中 100％ 的 CO 被氧化。结果表明，采用沉积—沉淀法所制备的以凹凸棒黏土为载体负载 CuO 的催化剂在催化 CO 低温氧化反应中表现出优异的催化性能；两种不同的凹凸棒黏土中，

粒径为 75 μm 的 APT-SB1 黏土负载 CuO 的催化剂表现出更为优异的催化活性。

以 200 ℃ 焙烧的 16 wt.%-CuO/APT 纳米催化剂为代表测试了所制备的 CuO/APT 催化剂体系的催化活性稳定性。图 7-10 所示为 CO 转化率随反应时间变化的曲线,整个测试过程中催化剂床层温度保持在 120 ℃。从图 7-10 可以看出:直至活性测试到 14 h,催化剂活性只发生了极小的变化且保持了高的催化活性和稳定性。这说明,该 CuO/APT 纳米催化剂体系在催化 CO 低温氧化反应中具有较高的稳定性,这也为其进行实际工业应用奠定了很好的基础。

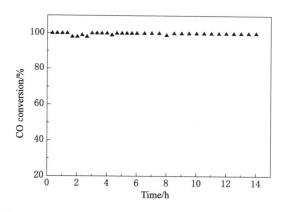

图 7-10　CuO/APT 纳米催化剂体系催化活性稳定性测试

7.4　本章小结

本章中,采用沉积—沉淀法在凹凸棒石黏土表面负载氧化铜纳米颗粒,制备出价格低廉的负载型一氧化碳低温氧化催化剂。采用多种表征手段对所制备的催化剂进行了结构表征,利用微反—色谱装置考察了其催化 CO 低温氧化性能,并初步探讨了该催化剂体系中的催化活性位及 CO 氧化活性机理,得出以下结论:

凹凸棒石黏土负载 CuO 的负载型 CuO/APT 纳米催化剂的氮气吸附—脱附分析结果表明,所制备的催化剂具有片状颗粒堆积形成的狭缝状孔结构。XRD 和电镜分析表明,所制备的催化剂结晶度高并保持了载体凹凸棒石黏土的一维棒状结构和高比表面的特点,活性组分 CuO 大部分以纳米级颗粒的存在形式高分散在载体表面。XPS 分析表明,铜物种以 +2 价 Cu 离子的形式存在。

催化剂活性测试结果表明，CuO/APT 催化剂的 CuO 负载量和焙烧温度都是影响其催化活性的重要因素。200 ℃焙烧的 CuO 负载量为 16% 的 CuO/APT 催化剂在 120 ℃时就能实现原料气体中 CO 的完全氧化。

综合催化剂的结构表征结果和催化活性测试结果可知：活性组分铜物种和凹凸棒石黏土载体之间的强相互作用、铜物种在载体表面的高分散和载体的高比表面积等都是催化剂具有高的催化 CO 低温氧化活性的重要因素。稳定性测试结果表明，该催化剂体系具有高的初活稳定性，所以其具有良好的工业应用前景。该研究工作的开展，不但进一步拓展了凹凸棒石黏土的应用领域，而且在寻找价格低廉的 CO 低温氧化催化剂方面也将起到极大的促进作用。

参 考 文 献

[1] GALAN E. Properties and applications of palygorskite-sepiolite clays[J]. Clay Minerals,1996,31(4):443-453.

[2] FROST R L,DING Z. Controlled rate thermal analysis and differential scanning calorimetry of sepiolites and palygorskites[J]. Thermochimica Acta. ,2003,397(1):119-128.

[3] CHEN H,WANG A. Kinetic and isothermal studies of lead ion adsorption onto palygorskite clay[J]. Journal of Colloid and Interface Science,2007,307(2):309-316.

[4] HUANG J,LIU Y,LIU Y,et al. Effect of attapulgite pore size distribution on soybean oil bleaching[J]. Journal of the American Oil Chemists' Society,2007,84(7):687-692.

[5] ZHAO D F,ZHOU J,LIU N. Surface characteristics and photoactivity of silver-modified palygorskite clays coated with nanosized titanium dioxide particles[J]. Materials Characterization,2007,58(3):249-255.

[6] MELO D M A,RUIZ J A C,MELO M A F,et al. Preparation and characterization of lanthanum palygorskite clays as acid catalysts[J]. Journal of Alloys and Compounds,2002,344(1):352-355.

[7] MIAO S,LIU Z,ZHANG Z,et al. Ionic liquid-assisted immobilization of Rh on attapulgite and its application in cyclohexene hydrogenation[J]. The Journal of Physical Chemistry C,2007,111(5):2185-2190.

[8] ZHAO D,ZHOU J,LIU N. Characterization of the structure and catalytic activity of copper modified palygorskite/TiO₂ (Cu₂＋-PG/TiO₂) catalysts

[J]. Materials Science and Engineering:A,2006,431(1):256-262.

[9] MELO D M A,RUIZ J A C,MELO M A F,et al. Preparation and charac-
terization of terbium palygorskite clay as acid catalyst[J]. Microporous and
Mesoporous Materials,2000,38(2):345-349.

[10] IDAKIEV V,TABAKOVA T,NAYDENOV A,et al. Gold catalysts sup-
ported on mesoporous zirconia for low-temperature water-gas shift reac-
tion[J]. Applied Catalysis B:Environmental,2006,63(3):178-186.

[11] AVGOUROPOULOS G, IOANNIDES T. Selective CO oxidation over
$CuO-CeO_2$ catalysts prepared via the urea-nitrate combustion method[J].
Applied Catalysis A:General,2003,244(1):155-167.